广东省主要农作物
病虫害农药使用技术手册

彭 彬 黄军定 范兰兰 主编

·广州·

图书在版编目（CIP）数据

广东省主要农作物病虫害农药使用技术手册/彭彬，黄军定，范兰兰主编．－－广州：华南理工大学出版社，2024.12．－－ISBN 978－7－5623－7890－7

Ⅰ.S435－62；S48－62

中国国家版本馆 CIP 数据核字第 20246254VG 号

Guangdongsheng Zhuyao Nongzuowu Bingchonghai Nongyao Shiyong Jishu Shouce
广东省主要农作物病虫害农药使用技术手册
彭 彬 黄军定 范兰兰 主编

出 版 人：房俊东
出版发行：华南理工大学出版社
（广州五山华南理工大学17号楼，邮编510640）
http://hg.cb.scut.edu.cn　E-mail:scutc13@scut.edu.cn
营销部电话：020－87113487　87111048（传真）
责任编辑：薛娟娟　林起提
责任校对：梁晓艾
印　刷　者：广州小明数码印刷有限公司
开　　本：787mm×960mm　1/16　印张：13　字数：210千
版　　次：2024年12月第1版　印次：2024年12月第1次印刷
定　　价：48.00元

版权所有　盗版必究　印装差错　负责调换

编委会

主　编：彭　彬　黄军定　范兰兰
编　委：黄忠革　黄立胜　黄德超　李建丰
　　　　王　琳　郑静君　蒋　莎　李双驰
　　　　梁居林　罗秋生　罗雪桃　张有志
　　　　曾志文　尹晓婷　郑小玲　潘美兰
　　　　黄德平　张华璐　吴颖仪　梁小龙

前 言

使用农药防治农作物病虫害是保障粮食生产和重要农产品供给的关键措施。现阶段，由于部分农药使用者的病虫害识别、防治知识有限，在农业生产中存在一定程度乱用药、滥用药现象，给农业生产安全和农产品质量安全带来隐患。根据《农药管理条例》第三十条"县级以上人民政府农业主管部门应当加强农药使用指导、服务工作，建立健全农药安全、合理使用制度，并按照预防为主、综合防治的要求，组织推广农药科学使用技术，规范农药使用行为"的要求，2019年，广东省农业农村厅属下的省农业有害生物预警防控中心在大量新农药试验示范和农业生产实际防治效果调查的基础上，编制了《广东省主要农作物病虫害防治药剂推荐名单》，并于2021年和2024年进行修订。为加快高效低风险新农药和生物农药推广，指导基层农技人员、病虫害统防统治组织、农业生产者正确选择和使用农药、提升农作物病虫害科学防控水平，我们在《广东省主要农作物病虫害防治药剂推荐名单》的基础上，结合主要农作物病虫害发生和防控实际情况，编写了本书。本书包含杀虫剂75种、杀菌剂81种、除草剂14种、植物生长调节剂3种和杀鼠剂3种，内容包括农药的毒性和性能、防治对象和使用技术、安全间隔期、注意事项等方面。希望本书能在促进农药使用减量化和农作物病虫害防控整体水平等方面起到积极作用，同时也为华南地区其他省（自治区）的农作物病虫害农药防治工作提供参考。

由于农药应用技术的发展和新品种的出现，以及我们技术水平的原因，本书难免有其局限性，不妥之处，敬请同行和读者批评指正。

编　者

2024年7月31日

目　录

第一章　杀虫剂　　1

1. 氯虫苯甲酰胺　　1
2. 溴氰虫酰胺　　3
3. 四氯虫酰胺　　6
4. 溴虫氟苯双酰胺　　7
5. 四唑虫酰胺　　8
6. 氟苯虫酰胺　　9
7. 乙基多杀菌素　　10
8. 多杀霉素　　12
9. 阿维菌素　　14
10. 甲氨基阿维菌素苯甲酸盐　　15
11. 敌百虫　　16
12. 乐果　　18
13. 毒死蜱　　19
14. 稻丰散　　20
15. 辛硫磷　　21
16. 二嗪磷　　23
17. 双丙环虫酯　　24
18. 茚虫威　　25
19. 虫螨腈　　26
20. 噻嗪酮　　27
21. 噻虫嗪　　28
22. 吡虫啉　　30
23. 啶虫脒　　31
24. 三氟苯嘧啶　　33
25. 氟啶虫胺腈　　33
26. 吡蚜酮　　35
27. 呋虫胺　　36
28. 烯啶虫胺　　37
29. 噻虫胺　　38
30. 氟吡呋喃酮　　40
31. 吡丙醚　　40
32. 虱螨脲　　41
33. 氟啶脲　　43
34. 氟铃脲　　44
35. 丁醚脲　　45
36. 除虫脲　　46
37. 虫酰肼　　47
38. 灭幼脲　　48
39. 氟虫脲　　48
40. 高效氯氰菊酯　　49
41. 联苯菊酯　　51
42. 高效氯氟氰菊酯　　52
43. 顺式氯氰菊酯　　54
44. 溴氰菊酯　　55
45. 乙螨唑　　57
46. 螺虫乙酯　　58
47. 螺螨酯　　58
48. 乙唑螨腈　　59
49. 唑螨酯　　60
50. 联苯肼酯　　61
51. 哒螨灵　　62

52. 苯丁锡	63		4. 氢氧化铜	90
53. 矿物油	64		5. 三环唑	91
54. 灭蝇胺	65		6. 稻瘟灵	92
55. 杀螺胺	66		7. 咪鲜胺	93
56. 杀螺胺乙醇胺盐	67		8. 咪鲜胺锰盐	94
57. 四聚乙醛	68		9. 嘧菌酯	95
58. 苏云金杆菌	69		10. 吡唑醚菌酯	97
59. 甘蓝夜蛾核型多角体病毒	70		11. 啶氧菌酯	99
60. 印楝素	71		12. 硝苯菌酯	100
61. 鱼藤酮	72		13. 丙环唑	101
62. 苦参碱	73		14. 氟硅唑	102
63. 金龟子绿僵菌	75		15. 氟菌唑	103
64. 淡紫拟青霉	76		16. 噻唑锌	104
65. 阿维·氯苯酰	77		17. 噻菌铜	105
66. 联苯·噻虫嗪	78		18. 噻森铜	106
67. 联苯·噻虫胺	79		19. 喹啉铜	107
68. 阿维·多霉素	80		20. 氯溴异氰尿酸	108
69. 呋虫胺·溴氰菊酯	81		21. 噻霉酮	109
70. 螺虫乙酯·溴氰菊酯	82		22. 氟吡菌酰胺	109
71. 高效氯氰·虱螨脲	82		23. 氟噻唑吡乙酮	111
72. 螺虫·噻虫啉	83		24. 噻唑膦	112
73. 氯氟·吡虫啉	84		25. 丙森锌	113
74. 联肼·乙螨唑	85		26. 代森铵	114
75. 吡虫·杀虫单	86		27. 代森锰锌	115
			28. 甲基硫菌灵	116
第二章　杀菌剂	88		29. 烯酰吗啉	117
1. 噻呋酰胺	88		30. 霜霉威盐酸盐	118
2. 氟环唑	89		31. 戊唑醇	119
3. 苯醚甲环唑	89		32. 啶酰菌胺	120

33. 双炔酰菌胺	121		62. 唑醚·锰锌	146
34. 嘧霉胺	122		63. 苯并烯氟菌唑·嘧菌酯	147
35. 腐霉利	123		64. 丙环·嘧菌酯	148
36. 异菌脲	123		65. 肟菌·戊唑醇	149
37. 腈菌唑	124		66. 啶氧·丙环唑	149
38. 氯氟醚菌唑	125		67. 氟菌·霜霉威	150
39. 百菌清	127		68. 氟菌·肟菌酯	151
40. 咯菌腈	127		69. 氟菌·戊唑醇	153
41. 氟吗啉	128		70. 噻呋·吡唑酯	154
42. 琥胶肥酸铜	129		71. 咪锰·三环唑	155
43. 噁霉灵	130		72. 精甲·百菌清	156
44. 亚胺唑	131		73. 噁酮·霜脲氰	157
45. 克菌丹	132		74. 戊唑·嘧菌酯	157
46. 蛇床子素	132		75. 噻呋酰胺·噻霉酮	159
47. 几丁聚糖	133		76. 氟噻唑·双炔酰	159
48. 多抗霉素	134		77. 烯酰·唑嘧菌	160
49. 蜡质芽孢杆菌	135		78. 氯氟醚·吡唑酯	161
50. 井冈霉素	135		79. 氟酰羟·苯甲唑	163
51. 春雷霉素	136		80. 吡萘·嘧菌酯	164
52. 中生菌素	137		81. 苯甲·氟酰胺	165
53. 大蒜素	138			
54. 嘧啶核苷类抗菌素	138		**第三章 除草剂**	**168**
55. 苯甲·丙环唑	139		1. 乙草胺	168
56. 苯甲·嘧菌酯	140		2. 精异丙甲草胺	169
57. 霜脲·锰锌	141		3. 精噁唑禾草灵	171
58. 精甲霜·锰锌	142		4. 精喹禾灵	172
59. 春雷·王铜	143		5. 氰氟草酯	173
60. 唑醚·代森联	144		6. 五氟磺草胺	174
61. 烯酰·咪鲜胺	146		7. 二甲戊灵	175

8. 氯氟吡啶酯 176
9. 苯唑草酮 177
10. 莠去津 178
11. 灭草松 179
12. 苄嘧磺隆 181
13. 吡嘧磺隆 182
14. 唑嘧磺草胺 183

第四章 植物生长调节剂 184

1. 赤霉酸 184
2. 多效唑 185
3. 芸苔素内酯 186

第五章 杀鼠剂 188

1. 杀鼠灵 188
2. 溴敌隆 189
3. 敌鼠钠盐 189

附录 农作物病虫害防治条例 191

第一章 杀虫剂

1. 氯虫苯甲酰胺

【毒性】 低毒。

【常用剂型和含量】 200克/升悬浮剂、5%悬浮剂。

【防治对象和使用方法】

200克/升氯虫苯甲酰胺悬浮剂（按标签要求使用）

作物	防治对象	用药量（毫升/亩）/稀释倍数	施用方式
水稻	稻纵卷叶螟、三化螟、二化螟	5～10	喷雾
水稻	稻水象甲	6.67～13.3	喷雾
水稻	大螟	8.3～10	喷雾
玉米	草地贪夜蛾	12～15	喷雾
玉米	玉米螟	3～5	喷雾
玉米	小地老虎	3.3～6.6	喷雾
玉米	二点委夜蛾	7～10	喷雾
玉米	粘虫	10～15	喷雾
甘蔗	小地老虎	6.7～10	喷雾
甘蔗	蔗螟	15～20	喷雾
甘薯	斜纹夜蛾	7～13	喷雾
菜用大豆	豆荚螟	6～12	喷雾
荔枝	蒂蛀虫	3000～6000（倍液）	喷雾

5% 氯虫苯甲酰胺悬浮剂（按标签要求使用）

作物	防治对象	用药量（毫升/亩）	施用方式
水稻	稻纵卷叶螟	20～40	喷雾
水稻	二化螟	30～40	喷雾
玉米	草地贪夜蛾	40～60	喷雾
玉米	玉米螟	16～20	喷雾
甘蓝	小菜蛾、甜菜夜蛾	30～55	喷雾
花椰菜	斜纹夜蛾	45～54	喷雾
甘蔗	小地老虎	34～40	喷雾
豇豆	豆荚螟	30～60	喷雾
辣椒	甜菜夜蛾、棉铃虫	30～60	喷雾
西瓜	甜菜夜蛾	45～60	喷雾
西瓜	棉铃虫	30～60	喷雾

【使用技术】

（1）水稻：稻纵卷叶螟、二化螟、三化螟、大螟卵孵高峰期，每亩用药量兑水30升喷雾；稻纵卷叶螟严重发生时，于第一次喷药的14天后（按实际情况可适当缩短）再喷药1次；稻水象甲成虫始现时或水稻移栽后1～2天，每亩用药量兑水30升喷雾。

（2）玉米：玉米螟卵孵化高峰期，每亩用药量兑水30升喷雾；小地老虎害虫发生早期或玉米2～3叶期，每亩用药量兑水30升茎基部喷雾；草地贪夜蛾卵孵盛期至低龄幼虫始盛期施药1次，每亩用药量兑水15～30升茎叶喷雾。

（3）荔枝：蒂蛀虫成虫产卵期至卵孵盛期施药1次，每亩用药量兑水150升。

（4）甘蔗：蔗螟卵孵盛期或甘蔗移栽后30天左右施药；小地老虎害虫发生早期或甘蔗幼苗期第一次施药，甘蔗移栽后30天左右第二次施药。

（5）菜用大豆：豆荚螟成虫产卵高峰期，每亩用药量兑水45升喷雾。

（6）甘蓝小菜蛾、甜菜夜蛾，西瓜甜菜夜蛾、棉铃虫，花椰菜斜纹夜蛾，辣椒甜菜夜蛾、棉铃虫，均于虫卵孵化高峰期用药。

（7）豇豆：在豆荚螟成虫产卵高峰期（豇豆始花期）施药。发生严重时，在第一次施药的 7～10 天后，重复喷药 1 次，每亩用药量兑水 45 升喷雾。

（8）每季作物最多使用次数：水稻、玉米、甘蔗、菜用大豆、甘蓝、花椰菜、辣椒、西瓜、豇豆 2 次，荔枝 1 次。

【安全间隔期】

甘蓝 1 天；花椰菜、辣椒、豇豆、甘蔗 5 天；水稻、菜用大豆 7 天；西瓜、荔枝 10 天；玉米 21 天。

【产品性能】

本品为酰胺类新型内吸杀虫剂，胃毒为主，兼具触杀。作用机理是激活害虫的鱼尼丁受体，释放细胞内贮存的钙离子，引起肌肉调节衰弱、麻痹，直至害虫死亡。

【注意事项】

（1）一季作物，使用不超过 2 次，在靶标害虫的下一代，推荐与作用机理不同的化合物轮换使用。

（2）对家蚕和水蚤高毒，施药期间应避免对周围蜂群的影响，蚕室和桑园附近禁用，赤眼蜂等天敌放飞区域禁用。

（3）不可与强酸、强碱性物质混用。

2. 溴氰虫酰胺

【毒性】 低毒。

【常用剂型和含量】 10% 可分散油悬浮剂、10% 悬浮剂、48% 种子处理悬浮剂、19% 悬浮剂。

【防治对象和使用方法】

10% 溴氰虫酰胺可分散油悬浮剂（按标签要求使用）

作物	防治对象	用药量（毫升/亩）	施用方式
水稻	稻纵卷叶螟、三化螟、二化螟	20～26	喷雾
水稻	蓟马	30～40	喷雾
小白菜	蚜虫	30～40	喷雾

续上表

作物	防治对象	用药量（毫升/亩）	施用方式
小白菜	小菜蛾、斜纹夜蛾、菜青虫	10～14	喷雾
小白菜	黄条跳甲	24～28	喷雾
豇豆	蓟马、蚜虫	33.3～40	喷雾
豇豆	豆荚螟、美洲斑潜蝇	14～18	喷雾
黄瓜	白粉虱	43～57	喷雾
黄瓜	烟粉虱、蓟马	33.3～40	喷雾
黄瓜	蚜虫	18～40	喷雾
黄瓜	美洲斑潜蝇	14～18	喷雾
番茄	美洲斑潜蝇	14～18	喷雾
番茄	白粉虱	43～57	喷雾
番茄	蚜虫、烟粉虱	33.3～40	喷雾
番茄	棉铃虫	14～18	喷雾
大葱	甜菜夜蛾	10～18	喷雾
大葱	美洲斑潜蝇	14～24	喷雾
大葱	蓟马	18～24	喷雾
豌豆	潜叶蝇	14～22	喷雾
西瓜	棉铃虫	19.3～24	喷雾
西瓜	烟粉虱、蓟马、蚜虫	33.3～40	喷雾
西瓜	甜菜夜蛾	19.3～24	喷雾

10%溴氰虫酰胺悬乳剂（按标签要求使用）

作物	防治对象	用药量（毫升/亩）	施用方式
甘蓝	小菜蛾	13～23	喷雾
甘蓝	甜菜夜蛾	10～23	喷雾
甘蓝	蚜虫	20～40	喷雾
辣椒	蓟马、烟粉虱	40～50	喷雾
辣椒	白粉虱	50～60	喷雾
辣椒	棉铃虫	10～30	喷雾
辣椒	蚜虫	30～40	喷雾

48%溴氰虫酰胺种子处理悬浮剂（按标签要求使用）

作物	防治对象	100千克种子用药量（毫升）	施用方式
玉米	甜菜夜蛾、草地贪夜蛾	120～240	种子包衣
玉米	小地老虎	60～120	种子包衣

19%溴氰虫酰胺悬浮剂（按标签要求使用）

作物	防治对象	用药量（毫升/平方米）	施用方式
黄瓜（苗床）	美洲斑潜蝇	2.8～3.6	苗床喷淋
黄瓜（苗床）	蓟马	3.8～4.7	苗床喷淋
辣椒（苗床）	烟粉虱	4.1～5	苗床喷淋
辣椒（苗床）	甜菜夜蛾	2.4～2.9	苗床喷淋
番茄（苗期）	烟粉虱	4.1～5	苗床喷淋
黄瓜（苗床）	烟粉虱	4.1～5	苗床喷淋
番茄（苗期）	蓟马	3.8～4.7	苗床喷淋
番茄（苗期）	甜菜夜蛾	2.4～2.9	苗床喷淋
辣椒（苗床）	蓟马	3.8～4.7	苗床喷淋
黄瓜（苗床）	瓜绢螟	2.6～3.3	苗床喷淋

【使用技术】

（1）于蔬菜小菜蛾、甜菜夜蛾、斜纹夜蛾、菜青虫，水稻二化螟、三化螟、稻纵卷叶螟卵孵盛期施药；于美洲斑潜蝇、豆荚螟、烟粉虱、蓟马、蚜虫、黄条跳甲、温室白粉虱、蓟马初现时施药，严重发生时可在初次施药的7天后再施1次。

（2）推荐于黄瓜、番茄、大葱、小白菜和水稻的作物生长早期用药；于西瓜授粉前期用药；于豇豆始花期用药。

（3）19%溴氰虫酰胺悬浮剂仅适用于苗床。移栽前2天苗床喷淋（用喷壶或去掉喷头的喷雾器等喷淋），带土移栽。喷淋前需适当晾干苗床，喷淋时需浸透土壤，做到湿而不滴，根据苗床土壤湿度情况，每平方米苗床用2～4升药液。

（4）每季作物最多使用次数：豇豆、西瓜、番茄、黄瓜、小白菜、大葱、

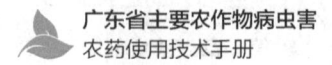

辣椒、甘蓝3次,水稻2次,豌豆1次。苗床喷淋每季最多使用1次。

【安全间隔期】

豇豆、番茄、黄瓜、小白菜、大葱、豌豆、辣椒3天;西瓜5天;甘蓝7天;水稻21天。

【产品性能】

本品为新型酰胺类内吸性杀虫剂,以胃毒为主,兼具触杀。可有选择性地控制鳞翅目害虫以及刺吸式、锉吸式和舐吸式的害虫(包括蚜虫、烟粉虱、蓟马、斑潜蝇和潜叶蝇),可于害虫摄入后数分钟内停止取食,迅速保护作物。宜在作物早期施用。

【注意事项】

(1)直接施用于开花作物或杂草时对蜜蜂有毒,(周围)开花植物花期禁用,避免雾、液滴漂移到大田外的蜜蜂栖息地。

(2)赤眼蜂等天敌放飞区域禁用,蚕室和桑园附近禁用。

3. 四氯虫酰胺

【毒性】 低毒。

【常用剂型和含量】 10%悬浮剂。

【防治对象和使用方法】

10% 四氯虫酰胺悬浮剂(按标签要求使用)

作物	防治对象	用药量(毫升/亩)	施用方式
甘蓝	甜菜夜蛾	30~40	喷雾
水稻	稻纵卷叶螟	10~20	喷雾
玉米	玉米螟	20~40	喷雾

【使用技术】

(1)于稻纵卷叶螟、甜菜夜蛾、玉米螟卵孵盛期至低龄幼虫期施药。

(2)每季作物最多使用次数:水稻、玉米、甘蓝1次。

【安全间隔期】

甘蓝7天;玉米14天;水稻21天。

【产品性能】

本品为新型酰胺类内吸性杀虫剂，以胃毒为主，具触杀作用，有一定杀卵活性。

【注意事项】

（1）禁止在蚕室和桑园附近用药。

（2）本品对虾、蟹毒性高，水产养殖区、河塘等水体附近禁用。

（3）不可与强酸、强碱性物质混用。

4. 溴虫氟苯双酰胺

【毒性】 低毒。

【常用剂型和含量】 100克/升悬浮剂、5%悬浮剂。

【防治对象和使用方法】

100克/升溴虫氟苯双酰胺悬浮剂（按标签要求使用）

作物	防治对象	用药量（毫升/亩）	施用方式
甘蓝	小菜蛾	7~10	喷雾
甘蓝	黄条跳甲	14~16	喷雾
白菜	小菜蛾	7~10	喷雾
白菜	黄条跳甲	14~16	喷雾

5%溴虫氟苯双酰胺悬浮剂（按标签要求使用）

作物	防治对象	用药量（毫升/亩）	施用方式
甘蓝	小菜蛾、甜菜夜蛾	20~30	喷雾

【使用技术】

（1）于小菜蛾、甜菜夜蛾卵孵盛期至低龄幼虫期施药。

（2）于黄条跳甲成虫发生期施药。

（3）每季作物最多使用次数：白菜、甘蓝1次。

【安全间隔期】

白菜、甘蓝5天。

【产品性能】

本品为双酰胺类杀虫剂,通过胃毒和触杀作用抑制靶标昆虫的神经传递,导致抽搐,最终死亡。

【注意事项】

对水生生物、家蚕、蜜蜂、赤眼蜂、瓢虫高毒,水产养殖区、河塘等水体附近禁用,水旱轮作区、稻鱼共生区、蜜源植物集中分布区、蚕室及桑园附近禁用,白菜、甘蓝及(周围)开花植物花期禁用,赤眼蜂、瓢虫等天敌放飞区域禁用。

5. 四唑虫酰胺

【毒性】 低毒。

【常用剂型和含量】 200 克/升悬浮剂。

【防治对象和使用方法】

200 克/升四唑虫酰胺悬浮剂(按标签要求使用)

作物	防治对象	用药量(毫升/亩)/稀释倍数	施用方式
水稻	稻纵卷叶螟、二化螟	7～10	喷雾
甘蓝	甜菜夜蛾	7.5～10	喷雾
柑橘	潜叶蛾	10000～20000(倍液)	喷雾

【使用技术】

(1)防治甘蓝甜菜夜蛾,于低龄幼虫发生初期施药;防治水稻稻纵卷叶螟、二化螟,于卵孵盛期至低龄幼虫初期施药;防治柑橘树潜叶蛾于卵孵盛期施药。

(2)每季作物最多使用次数:柑橘 1 次,甘蓝、水稻 2 次。

【安全间隔期】

柑橘、甘蓝 7 天;水稻 28 天。

【产品性能】

本品为双酰胺类杀虫剂,作用于害虫的鱼尼丁受体,引起细胞内钙离子无节制释放,导致肌肉收缩、麻痹,直至害虫死亡。以胃毒为主,能有效防治鳞翅目害虫。

【注意事项】

（1）本品与氯虫苯甲酰胺存在一定的交互抗性风险。

（2）水产养殖区、河塘、湖泊等水体附近禁用。

（3）开花植物（周围）花期禁用，避免对蜜蜂、授粉昆虫及蚕室造成影响。蚕室及桑园附近禁用；赤眼蜂或其他天敌放飞区域禁用。

6. 氟苯虫酰胺

【毒性】 低毒。

【常用剂型和含量】 20%水分散粒剂、20%悬浮剂。

【防治对象和使用方法】

20%氟苯虫酰胺水分散粒剂（按标签要求使用）

作物	防治对象	用药量（克/亩）	施用方式
白菜	甜菜夜蛾、小菜蛾	15～17	喷雾
甘蔗	蔗螟	15～20	喷雾

20%氟苯虫酰胺悬浮剂（按标签要求使用）

作物	防治对象	用药量（毫升/亩）	施用方式
玉米	玉米螟	8～12	喷雾

【使用技术】

（1）于害虫卵孵盛期至低龄幼虫期施药。

（2）防治玉米螟，于心叶末期或喇叭口期施药。

（3）每季作物最多使用次数：玉米1次，白菜、甘蔗2次。

【安全间隔期】

白菜3天；甘蔗7天；玉米14天。

【产品性能】

本品属邻苯二甲酰胺类杀虫剂，作用机理是激活兰尼碱受体细胞内钙释放通道，导致贮存的钙离子失控性释放。本品用于防治小菜蛾、玉米螟，见效较快，持效期较长。

【注意事项】

（1）禁止在水稻上使用。

（2）对家蚕影响很大，蚕室及桑园附近禁用。

7. 乙基多杀菌素

【毒性】 低毒。

【常用剂型和含量】 60克/升悬浮剂、25%水分散粒剂。

【防治对象和使用方法】

60克/升乙基多杀菌素悬浮剂（按标签要求使用）

作物	防治对象	用药量（毫升/亩）/稀释倍数	施用方式
豇豆	美洲斑潜蝇	50～58	喷雾
水稻	蓟马	20～40	喷雾
水稻	稻纵卷叶螟	20～30	喷雾
西瓜	蓟马	40～50	喷雾
茄子	蓟马	10～20	喷雾
甘蓝	小菜蛾、甜菜夜蛾	20～40	喷雾
葡萄	蓟马	1000～1500（倍液）	喷雾
杨梅	果蝇	1500～2500（倍液）	喷雾
芒果	蓟马	1000～2000（倍液）	喷雾

25%乙基多杀菌素水分散粒剂（按标签要求使用）

作物	防治对象	用药量（克/亩）	施用方式
玉米	草地贪夜蛾	8～12	喷雾
黄瓜	美洲斑潜蝇	11～14	喷雾
水稻	稻纵卷叶螟	8～10	喷雾
豇豆	豆荚螟	12～14	喷雾
水稻	二化螟	12～15	喷雾

【使用技术】

（1）施药后6小时内遇雨，需补喷。

（2）防治小菜蛾、甜菜夜蛾，应在低龄幼虫期施药2～3次，间隔7天。

（3）防治蓟马，应在其发生高峰前施药，在蓟马活动区域均匀喷雾。

（4）防治稻纵卷叶螟，应在1～2龄幼虫盛发期施药1～2次，喷湿作物叶面及叶背。

（5）防治杨梅果蝇，应在杨梅采摘前7～10天施药。

（6）防治豇豆美洲斑潜蝇，应在幼虫1毫米左右或叶片受害率10%～20%时施药。

（7）防治黄瓜美洲斑潜蝇，在幼虫1～2龄期施药，或叶面形成0.5～1厘米长虫道时开始施药。

（8）防治豇豆豆荚螟，要连续施药两次，分别在初花期和盛花期各1次，间隔7～10天。

（9）防治水稻二化螟，以卵孵化盛期为最佳防治适期，第一次施药的7～10天后进行第二次施药；二化螟施药窗口较窄，应在幼虫蛀入稻茎前用药防治，并参考当地预测预报，时间宜早不宜迟。

（10）防治水稻稻纵卷叶螟，以卵孵化盛期至2龄幼虫盛期前为最佳防治适期。

（11）防治草地贪夜蛾，于玉米苗期至小喇叭口期，在低龄幼虫期施药1次。

（12）每季作物最多使用次数：杨梅、黄瓜、玉米1次，西瓜、芒果、豇豆2次，甘蓝、茄子、水稻3次。

【安全间隔期】

黄瓜1天；杨梅3天；茄子、西瓜5天；甘蓝、芒果、豇豆7天；水稻、玉米14天。

【产品性能】

本品是放线菌代谢物经化学修饰而得的活性较高的杀虫剂，主要作用于昆虫神经系统。

【注意事项】

（1）本品对蜜蜂、家蚕等有毒。施药期间应避免影响周围蜂群，禁止在开花植物花期、蚕室和桑园附近使用，施药期间应密切关注对附近蜂群的影响。

（2）不可污染水体，远离水产养殖区、河塘等水体施药。

（3）赤眼蜂等天敌放飞区禁用。

8. 多杀霉素

【毒性】 低毒。

【常用剂型和含量】 25克/升悬浮剂、5%悬浮剂、2%微乳剂。

【防治对象和使用方法】

25克/升多杀霉素悬浮剂（按标签要求使用）

作物	防治对象	用药量（毫升/亩）	施用方式
甘蓝	小菜蛾	33～66	喷雾
茄子	蓟马	67～100	喷雾
豇豆	蓟马	48～60	喷雾

5%多杀霉素悬浮剂（按标签要求使用）

作物	防治对象	用药量/稀释倍数	施用方式
水稻	稻纵卷叶螟	74～86毫升/亩	喷雾
水稻	蓟马	40～50克/亩	喷雾
芒果	蓟马	800～1200（倍液）	喷雾
豇豆	蓟马	24～30毫升/亩	喷雾
节瓜	蓟马	40～50毫升/亩	喷雾
甘蓝	小菜蛾	20～35毫升/亩	喷雾
花椰菜	小菜蛾	20～30克/亩	喷雾

2% 多杀霉素微乳剂（按标签要求使用）

作物	防治对象	用药量（毫升/亩）	施用方式
水稻	二化螟	150～200	喷雾
水稻	稻纵卷叶螟	150～200	喷雾

【使用技术】

(1) 于蓟马若虫发生初期施药；于小菜蛾低龄幼虫期施药，叶面、叶背及心叶均需着药。

(2) 于二化螟、纵卷叶螟卵孵盛期至 2 龄前施药，对整株稻株均匀喷雾，螟虫种群密度较高时，酌情再次施药。

(3) 每季作物最多使用次数：茄子、豇豆 1 次，水稻、芒果、花椰菜、节瓜 2 次，甘蓝 3 次。

【安全间隔期】

(1) 25 克/升多杀霉素悬浮剂：茄子 3 天；豇豆 5 天；甘蓝 5 天。

(2) 5% 多杀霉素悬浮剂：水稻 21 天；芒果 7 天；花椰菜 5 天；豇豆 5 天；甘蓝 5 天；节瓜 3 天。

(3) 2% 多杀霉素微乳剂：水稻 21 天。

【产品性能】

本品是源于放线菌的生物源农药，可激活昆虫的烟碱型乙酰胆碱受体，作用于昆虫的神经系统。本品对叶片有较强渗透性，具触杀、胃毒作用。

【注意事项】

(1) 对蜜蜂、鸟、水生生物、蚕及天敌昆虫赤眼蜂的毒性较高，使用时应避免与鸟、蜂、家蚕、水生生物等非靶标生物接触。

(2) 蚕室及桑园附近、赤眼蜂等天敌放飞区禁用，周围开花植物花期禁用，鱼或虾蟹套养稻田禁用。

(3) 使用时应关注对附近蜂群的影响，远离水产养殖区、河塘等水体附近施药。

(4) 不能与碱性物质混用。

9. 阿维菌素

【毒性】 低毒（原药高毒）。

【常用剂型和含量】 1.8%乳油、0.1%浓饵剂。

【防治对象和使用方法】

1.8%阿维菌素乳油（按标签要求使用）

作物	防治对象	用药量（毫升/亩）/稀释倍数	施用方式
水稻	稻纵卷叶螟、二化螟	30～40	喷雾
十字花科蔬菜	小菜蛾、菜青虫	30～40	喷雾
菜豆	美洲斑潜蝇	60～80	喷雾
黄瓜	美洲斑潜蝇	60～80	喷雾
番茄	根结线虫	1000～1500	灌根
柑橘	潜叶蛾、红蜘蛛	2000～4000（倍液）	喷雾
柑橘	锈壁虱	4000～8000（倍液）	喷雾
柚子	木虱	1500～3000（倍液）	喷雾
枸杞	瘿螨	2000～3000（倍液）	喷雾

0.1%阿维菌素浓饵剂（按标签要求使用）

作物	防治对象	用药量（毫升/亩）	施用方式
苦瓜	瓜实蝇	180～270	诱杀
柑橘	橘小实蝇、橘大实蝇	180～270	诱杀

【使用技术】

（1）于小菜蛾、二化螟、稻纵卷叶螟等害虫卵孵化盛期至幼虫期施药。

（2）防治番茄根结线虫，于番茄秧苗移栽或定植后灌根处理1次。

（3）于柚子树木虱低龄若虫始盛期施药。

（4）0.1%阿维菌素浓饵剂用于苦瓜防治瓜实蝇和柑橘防治橘小实蝇、橘大实蝇。按推荐剂量，稀释2～3倍后装入诱罐，每亩用10个诱罐，挂于苦瓜架或果树背阴面1.5米左右高处，每7天换1次诱罐内药液。

（5）每季作物最多使用次数：柑橘、水稻、十字花科蔬菜叶菜、菜豆、枸杞2次，柚子树1次。

【安全间隔期】

菜豆3天；十字花科蔬菜、枸杞7天；柑橘、柚子、水稻14天。

【产品性能】

本品是一种大环内酯双糖类化合物，对昆虫和螨类具有触杀及胃毒作用，并有一定的熏蒸作用。对叶片有很强的渗透作用，可杀死表皮下的害虫。

【注意事项】

（1）对鱼类等水生生物、蜜蜂、家蚕有毒，开花植物花期、蚕室和桑园附近禁用。

（2）不可与强碱性物质混合使用。

10. 甲氨基阿维菌素苯甲酸盐

【毒性】 低毒。

【常用剂型和含量】 2%乳油、2%微乳剂、0.087%浓饵剂。

【防治对象和使用方法】

2%甲氨基阿维菌素苯甲酸盐乳油（按标签要求使用）

作物	防治对象	用药量（毫升/亩）	施用方式
水稻	三化螟、二化螟	25～50	喷雾
甘蓝	小菜蛾	7～11	喷雾
甘蓝	甜菜夜蛾	5～15	喷雾

2%甲氨基阿维菌素苯甲酸盐微乳剂（按标签要求使用）

作物	防治对象	用药量（毫升/亩）	施用方式
水稻	稻纵卷叶螟	30～40	喷雾
豇豆	豆荚螟、蓟马	9～12	喷雾

续上表

作物	防治对象	用药量（毫升/亩）	施用方式
甘蓝	甜菜夜蛾	10～15	喷雾
甘蓝	小菜蛾	4～5	喷雾
韭菜	葱须鳞蛾	15～20	喷雾
大葱	甜菜夜蛾	5～7.5	喷雾

0.087%甲氨基阿维菌素苯甲酸盐浓饵剂（按标签要求使用）

作物	防治对象	用药量（毫升/亩）	施用方式
柑橘	橘小实蝇	100～200	投饵

【使用技术】

（1）于害虫初发期或卵孵盛期至低龄幼虫期施药。

（2）用0.087%甲氨基阿维菌素苯甲酸盐浓饵剂防治橘小实蝇，按照推荐剂量，用清水稀释装入诱罐，挂于果树的背阴面1.5米左右高处，每7天换1次诱罐内的药液。每亩用10个诱罐。

（3）每季作物最多使用次数：甘蓝、水稻2次；豇豆、韭菜、大葱1次。

【安全间隔期】

甘蓝12天；水稻21天；豇豆7天；韭菜、大葱14天。

【产品性能】

本品是大环内酯类杀虫剂，具胃毒、触杀作用，能有效渗入作物表皮，持效期较长。

【注意事项】

（1）能与酸性农药混用，勿与碱性物质混用。

（2）对鱼类等水生生物、蜜蜂、家蚕有毒，施药应远离蜂群，禁止在开花期蜜源作物、蚕室和桑园附近用药。

11. 敌百虫

【毒性】 低毒。

【常用剂型和含量】 90%可溶粉剂、80%可溶粉剂。

【防治对象和使用方法】

90%敌百虫可溶粉剂（按标签要求使用）

作物	防治对象	用药量（克/亩）/稀释倍数	施用方式
水稻	螟虫	111～133	喷雾、泼浇或毒土
柑橘	卷叶蛾	1200～1500（倍液）	喷雾
茶树	尺蠖、刺蛾	1000～2000（倍液）	喷雾
白菜	菜青虫	75～85	喷雾
青菜	菜青虫	75～85	喷雾
青菜	地下害虫	56～111	毒饵
大豆	造桥虫	133	喷雾

80%敌百虫可溶粉剂（按标签要求使用）

作物	防治对象	稀释倍数	施用方式
蔬菜	斜纹夜蛾	1000（倍液）	喷雾
荔枝	蝽蟓	700（倍液）	喷雾

【使用技术】

（1）于害虫低龄幼虫期施药。

（2）每季作物最多施药次数：白菜、青菜、大豆2次，水稻3次，柑橘1次。

【安全间隔期】

白菜、青菜、大豆14天；水稻15天；柑橘20天。

【产品性能】

本品属有机磷类杀虫剂，具有触杀、胃毒、熏蒸作用，杀虫谱较广。

【注意事项】

（1）不能与碱性农药等物质混用。

（2）在蚕桑地区和鸟类保护区禁用，开花植物花期禁用。

（3）对玉米较敏感，对豆类特别敏感，施药时避免药液溅及或漂移到玉米和豆类作物上。

12. 乐果

【毒性】 中等毒。

【常用剂型和含量】 40%乳油。

【防治对象和使用方法】

40%乐果乳油（按标签要求使用）

作物	防治对象	用药量（毫升/亩)/稀释倍数	施用方式
水稻	叶蝉、蚜虫、稻飞虱	75～100	喷雾
水稻	二化螟	80～100	喷雾
水稻	三化螟	90～100	喷雾
甘薯	小象甲	2000（倍液）	浸鲜薯片诱杀

【使用技术】

（1）在水稻螟虫卵孵化高峰期，稻飞虱、蚜虫低龄若虫发生高峰期施药；在甘薯小象甲卵孵盛期至低龄幼虫发生高峰期施药。

（2）每季最多使用次数：水稻、甘薯1次，烟草5次。

【安全间隔期】

水稻30天；甘薯14天。

【产品性能】

本品是内吸性有机磷杀虫杀螨剂。杀虫范围广，有触杀和胃毒作用，用于防治多种作物刺吸式口器害虫。在昆虫体内能氧化成活性更高的氧乐果，作用机制是抑制昆虫体内的乙酰胆碱脂酶，在胆碱酯酶活性受抑制之前，即中毒症状尚未出现时出现麻醉，而在胆碱酶酶活性出现抑制时，阻碍神经传导而导致昆虫死亡。乐果对害虫的毒力随气温升高而显著增强。

【注意事项】

（1）对蜜蜂、鸟、水生生物、蚕及天敌昆虫赤眼蜂的毒性较高，使用时避免与鸟、蜂、家蚕、水生生物等非靶标生物接触，远离水产养殖区、河塘等水体附近施药。

（2）对牛、羊、家禽毒性高，喷过药的牧草在1个月内不可用于饲喂，施过药的田地在 7～10 天不可放牧。

（3）不可与碱性药剂等物质混用，其药液易分解，应随配随用。

13. 毒死蜱

【毒性】 中等毒

【常用剂型和含量】 40% 乳油、15% 颗粒剂。

【防治对象和使用方法】

40% 毒死蜱乳油（按标签要求使用）

作物	防治对象	用药量（毫升/亩）/稀释倍数	施用方式
水稻	稻纵卷叶螟	90～105	喷雾
水稻	稻飞虱、三化螟、二化螟	50～100	喷雾
甘蔗	蔗龟	300～500	喷淋根部
柑橘	介壳虫、红蜘蛛	800～1200（倍液）	喷雾

15% 毒死蜱颗粒剂（按标签要求使用）

作物	防治对象	用药量（克/亩）	施用方式
花生	金针虫、地老虎、蛴螬、蝼蛄	1000～1500	撒施

【使用技术】

（1）于稻纵卷叶螟、稻飞虱卵孵高峰期或低龄若虫高峰期施药，期间保持田间 3～5 厘米水层，药后保水 5 天。

（2）颗粒剂防治花生地下害虫，在播种时或开花期拌细沙撒施，施药后应立即覆土，并浇水。

（3）每季作物最多使用次数：水稻 3 次，甘蔗 2 次，柑橘、花生 1 次。

【安全间隔期】

水稻 30 天；柑橘 28 天；甘蔗 42 天。

【产品性能】

本品为有机磷杀虫剂，具触杀、胃毒和一定的熏蒸作用。

【注意事项】

（1）禁止在蔬菜上使用。对蜜蜂、鱼类、家蚕等有毒，施药期间应避免对周围蜂群的影响，在处于开花植物花期、蚕室和桑园附近禁用。

（2）不可与碱性农药等物质混用。

（3）施药后设立警示标志，人畜允许进入施药区域的间隔时间：柑橘树5天，甘蔗和水稻24小时。

（4）对烟草敏感，施药时应避免药液飘洒到烟草上。

14. 稻丰散

【毒性】 中等毒。

【常用剂型和含量】 50%乳油。

【防治对象和使用方法】

50%稻丰散乳油（按标签要求使用）

作物	防治对象	用药量（毫升/亩）/稀释倍数	施用方式
水稻	褐飞虱	150～175	喷雾
水稻	二化螟、三化螟、稻纵卷叶螟	100～120	喷雾
柑橘	矢尖蚧	1000～1500（倍液）	喷雾
柑橘	介壳虫	500～800（倍液）	喷雾

【使用技术】

（1）防治二化螟，于早、晚稻分蘖期或孕穗、抽穗期螟卵孵化高峰后5～7天，枯鞘丛率5%～8%，或早稻每亩有中心为害株100株或丛害率1%～1.5%，或于晚稻为害团高于100个时施药，第一次施药后隔10天可再施1次。防治3、4代三化螟，在卵孵盛期内于水稻破口5%～10%时用药1次，每隔5～6天再施药1次，连续施药2～3次。

（2）防治稻纵卷叶螟，在其幼虫2、3龄盛期或百丛有新束叶苞15个以上时施药。

（3）防治稻飞虱，于早稻分蘖期或晚稻孕穗、抽穗期，低龄若虫期至高峰期进行施药，第一次施药后隔10天后可再施1次。

（4）防治柑橘介壳虫，以其幼虫期为施药适期，一般施药 1～2 次，隔 20 天再喷 1 次。

（5）每季作物最多使用次数：水稻、柑橘 3 次。

【安全间隔期】

水稻、柑橘 30 天。

【产品性能】

本品为有机磷类杀虫剂。作用机理是抑制昆虫体内的乙酰胆碱酯酶，作用于害虫神经系统。具触杀和胃毒作用，渗透性强，对虫卵有一定杀伤作用。

【注意事项】

（1）对葡萄、桃和无花果敏感，施药时避免药液漂移。

（2）对蜜蜂、家蚕、鱼有毒，施药期间避免对周围蜂群的影响，在处于花期的蜜源作物、蚕室和桑园附近禁用。

（3）不能与碱性物质混用。

15. 辛硫磷

【毒性】 低毒。

【常用剂型和含量】 40%乳油、3%颗粒剂、35%微囊悬浮剂。

【防治对象和使用方法】

40% 辛硫磷乳油（按标签要求使用）

作物	防治对象	用药量（毫升/亩）/稀释倍数	施用方式
水稻	稻纵卷叶螟	100～150	喷雾
十字花科蔬菜（甘蓝等）	菜青虫	50～75	喷雾
玉米	玉米螟	75～100	灌心叶
茶树	食叶害虫	1000～2000（倍液）	喷雾
果树	螨、蚜虫	1000～2000（倍液）	喷雾

3% 辛硫磷颗粒剂（按标签要求使用）

作物	防治对象	用药量（克/亩）	施用方式
甘蔗	蔗螟、蔗龟	4000～8000	撒施
花生	蝼蛄、地老虎、蛴螬、金针虫	6000～8000	撒施

35% 辛硫磷微囊悬浮剂（按标签要求使用）

作物	防治对象	用药量（毫升/亩）	施用方式
大蒜	蒜蛆	520～700	灌根
花生	地下害虫	400～600	灌根
韭菜	韭蛆	520～700	灌根

【使用技术】

（1）本品见光易分解，宜早晚施药。

（2）在害虫卵孵盛期至幼虫低龄期施药，作物幼苗期适当降低使用量。

（3）防治玉米螟不可喷雾施药，应在玉米心叶末期拌砂土灌心，或稀释4000～5000倍灌心。

（4）在新植蔗种植时或缩根蔗破垄松蔸培土时，按每亩用药量兑细土20千克，混合撒施于预先开好的沟内，然后覆土。

（5）3%辛硫磷颗粒剂直接在花生播种时拌种撒施。

（6）每季作物最多使用次数：甘蔗、茶树、大蒜、花生1次，果树、甘蓝2次。

【安全间隔期】

茶树、甘蓝7天；果树14天；大蒜、韭菜17天。

【产品性能】

本品为有机磷类农药，具有较强触杀作用，毒杀速度较快。

【注意事项】

（1）不可与碱性农药等物质混合使用。对黄瓜、菜豆敏感，施药时避免药液漂移到上述作物。

（2）对蜜蜂、水生物、家蚕有毒，施药期间应避免对周围蜂群的影响，蜜源作物花期、蚕室和桑园附近禁用。

16. 二嗪磷

【毒性】 低毒。

【常用剂型和含量】 50%乳油。

【防治对象和使用方法】

50%二嗪磷乳油（按标签要求使用）

作物	防治对象	用药量（毫升/亩）	施用方式
水稻	三化螟、二化螟	60～100	喷雾
水稻	稻飞虱	100～300	喷雾
小白菜	菜青虫	40～60	喷雾
萝卜	黄条跳甲	400～500	喷淋
豇豆	豆荚螟	50～75	喷雾

【使用技术】

（1）在水稻二化螟、三化螟卵孵盛期至低龄幼虫钻蛀期间施药；在水稻稻飞虱低龄若虫期施药；在豇豆豆荚螟卵孵高峰至低龄幼虫期施药；在小白菜菜青虫低龄幼虫期喷雾施药；在萝卜黄条跳甲成虫发生初期喷淋施药，每亩用水量90～120升。

（2）每季最多使用次数：水稻2次，豇豆、小白菜、萝卜1次。

【安全间隔期】

水稻30天；豇豆5天；小白菜10天；萝卜21天。

【产品性能】

本品是有机磷类杀虫剂，作用机理为抑制乙酰胆碱酯酶，具触杀、胃毒、熏蒸、内吸等作用。

【注意事项】

（1）不能与碱性农药混用，使用敌稗前后两周内禁用。

（2）在蚕桑地区、鸟类保护区、天敌放飞区和蜜蜂养殖区不得使用，在蜜源作物开花期禁用。

（3）不能用铜、铜合金罐、塑料瓶盛装。

17. 双丙环虫酯

【毒性】 低毒。

【常用剂型和含量】 50 克/升可分散液剂。

【防治对象和使用方法】

50 克/升双丙环虫酯可分散液剂（按标签要求使用）

作物	防治对象	用药量（毫升/亩）/稀释倍数	施用方式
番茄	烟粉虱	55～65	喷雾
辣椒	烟粉虱	55～65	喷雾
辣椒	蚜虫	10～16	喷雾
甘蓝	蚜虫	10～16	喷雾
黄瓜	蚜虫	10～16	喷雾
豇豆	蚜虫	10～16	喷雾
西瓜	蚜虫	10～16	喷雾
桃	蚜虫	8000～15000（倍液）	喷雾

【使用技术】

（1）于烟粉虱发生初期喷雾。

（2）于蚜虫发生初期至始盛期喷雾。

（3）傍晚施药更有利于药效充分发挥。

（4）每季作物最多使用次数：甘蓝、黄瓜、番茄、辣椒、桃、豇豆2次，西瓜1次。

【安全间隔期】

黄瓜、番茄、辣椒、豇豆3天；西瓜5天；甘蓝7天；桃14天。

【产品性能】

本品通过干扰靶标昆虫香草酸瞬时受体通道复合物的调控，导致昆虫对重力、平衡、声音、位置和运动等失去感应，丧失协调性和方向感，进而不能取食、失水，最终饥饿而亡。与现有杀虫剂无交互抗性。

【注意事项】

（1）对人体皮肤有刺激性，注意安全防护。

（2）药剂现配现用。

（3）水产养殖区、河塘等水体附近禁用，蚕室及桑园附近禁用，赤眼蜂等天敌放飞区域禁用。

18. 茚虫威

【毒性】　低毒。

【常用剂型和含量】　150 克/升悬浮剂。

【防治对象和使用方法】

150 克/升茚虫威悬浮剂（按标签要求使用）

作物	防治对象	用药量（毫升/亩）	施用方式
水稻	稻纵卷叶螟	12～16	喷雾
十字花科蔬菜（甘蓝等）	小菜蛾、甜菜夜蛾	10～18	喷雾
十字花科蔬菜（甘蓝等）	菜青虫	5～10	喷雾
叶用莴苣	小菜蛾	10～12	喷雾
茶树	茶小绿叶蝉	17～22	喷雾
姜	甜菜夜蛾	25～35	喷雾
芦笋	甜菜夜蛾	14～18	喷雾
大葱	甜菜夜蛾	15～20	喷雾

【使用技术】

（1）施药：对作物叶片正反面喷雾，覆盖全株，每亩用药量兑水 45～90 升。

（2）防治小菜蛾、稻纵卷叶螟、甜菜夜蛾，于卵孵盛期至低龄幼虫始盛期施药。

（3）防治茶小绿叶蝉，于若虫盛发期施药，每 100 张叶片有 3～5 头若虫时（若虫始盛期）施药。

（4）每季作物最多使用次数：茶叶、姜、芦笋、叶用莴苣 1 次，水稻 2

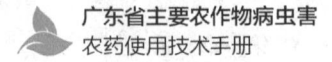

次，甘蓝 3 次。

【安全间隔期】

十字花科蔬菜、芦笋、叶用莴苣 5 天；姜 7 天；茶叶 10 天；水稻 21 天。

【产品性能】

本品属噁二嗪类杀虫剂，通过干扰钠离子通道导致害虫中毒，随即麻痹直至僵死。对甜菜夜蛾、小菜蛾等抗性害虫和大龄幼虫防效较好，以胃毒作用为主兼触杀活性，施药后害虫停止取食，对作物保护效果较优越，耐雨水冲刷。

【注意事项】

本品对蜜蜂、家蚕有毒，施药期间应避免对周围蜂群的影响。蜜源作物花期、蚕室和桑园附近禁用。远离水产养殖区施药。

19. 虫螨腈

【毒性】 低毒。

【常用剂型和含量】 240 克/升悬浮剂。

【防治对象和使用方法】

240 克/升虫螨腈悬浮剂（按标签要求使用）

作物	防治对象	用药量（毫升/亩）/稀释倍数	施用方式
甘蓝	小菜蛾、甜菜夜蛾	25～33.3	喷雾
黄瓜	斜纹夜蛾	30～50	喷雾
茄子	蓟马、朱砂叶螨	20～30	喷雾
茶树	茶小绿叶蝉	20～30	喷雾
梨	梨木虱	1250～2500（倍液）	喷雾

【使用技术】

（1）在卵孵盛期或幼虫发生初期使用，傍晚施药更有利于药效发挥。

（2）大田作物每亩使用制剂量兑水 45～60 升，果树根据树龄大小每亩使用制剂量兑水 200～250 千克。

（3）每季作物最多使用次数：茶树、甘蓝 1 次，黄瓜、茄子 2 次。

【安全间隔期】

黄瓜 2 天；茄子、茶树 7 天；梨、甘蓝 14 天。

【产品性能】

本品是吡咯类杀虫剂，具胃毒和触杀作用。

【注意事项】

（1）不可与碱性农药等物质混用。

（2）对鱼类等水生生物、蜜蜂、家蚕有毒。施药时应避免对周围蜂群的影响，蜜源作物花期、蚕室和桑园附近禁用，远离水产养殖区施药。

20. 噻嗪酮

【毒性】 低毒。

【常用剂型和含量】 25% 可湿性粉剂。

【防治对象和使用方法】

25% 噻嗪酮可湿性粉剂（按标签要求使用）

作物	防治对象	用药量（克/亩）/稀释倍数	施用方式
水稻	飞虱	20～30	喷雾
茶树	小绿叶蝉	1000～1500（倍液）	喷雾
柑橘	矢尖蚧	1000～2000（倍液）	喷雾
火龙果（温室）	介壳虫	1000～1500（倍液）	喷雾

【使用技术】

（1）在初孵若虫或低龄若虫（1～2 龄）时用药。

（2）施药要保证水量。水稻、茶叶每亩用药量兑水 40～50 升。柑橘每亩用药量兑水 200 升以上。

（3）喷雾要均匀，稻飞虱在水稻中下部活动，喷雾要喷到水稻基部。

（4）火龙果（温室）介壳虫于若虫孵化初期喷雾 1 次。

（5）每季作物最多使用次数：茶树、火龙果 1 次，水稻、柑橘 2 次。

【安全间隔期】

茶树 10 天；水稻 14 天；火龙果 21 天；柑橘 35 天。

【产品性能】

（1）本品是选择性杀虫剂，以触杀为主，兼有胃毒作用。

（2）本品主要抑制昆虫几丁质合成和干扰新陈代谢，致使若虫蜕皮畸形或翅畸形而缓慢死亡。

【注意事项】

（1）无直接杀死成虫的作用（但对成虫所产的卵有抑制孵化作用）。在水稻上使用时应在害虫处于低龄若虫期施药，在柑橘和茶树上使用应在若虫发生初期施药。

（2）不可与石硫合剂和波尔多液等碱性物质混用。

（3）对鱼类等水生生物有毒，应远离水产养殖区施药。

21. 噻虫嗪

【毒性】 低毒。

【常用剂型和含量】 25%水分散粒剂。

【防治对象和使用方法】

25%噻虫嗪水分散粒剂（按标签要求使用）

作物	防治对象	用药量/稀释倍数	施用方式
水稻	稻飞虱	2～4 克/亩	喷雾
甘蓝	白粉虱	7～15 克/亩；0.12～0.2 克/株，2000～4000（倍液）	苗期（定植前 3～5 天）喷雾；灌根
辣椒	白粉虱	7～15 克/亩；0.12～0.2 克/株，2000～4000（倍液）	苗期（定植前 3～5 天）喷雾；灌根
茄子	白粉虱	7～15 克/亩；0.12～0.2 克/株，2000～4000（倍液）	苗期（定植前 3～5 天）喷雾；灌根
黄瓜	白粉虱	10～12.5 克/亩	喷雾
马铃薯	白粉虱	8～15 克/亩	喷雾
番茄	白粉虱	7～15 克/亩；0.12～0.2 克/株，2000～4000（倍液）	苗期（定植前 3～5 天）喷雾；灌根

续上表

作物	防治对象	用药量/稀释倍数	施用方式
番茄	烟粉虱	7～20克/亩	喷雾
节瓜	蓟马	8～15克/亩	喷雾
豇豆	蓟马	15～20克/亩	喷雾
油菜	黄条跳甲	10～15克/亩	喷雾
油菜	蚜虫	4～8克/亩	喷雾
菠菜	蚜虫	6～8克/亩	喷雾
芹菜	蚜虫	4～8克/亩	喷雾
丝瓜	潜叶蝇	23～30克/亩	喷雾
韭菜	韭蛆	180～240克/亩	灌根
韭菜	蓟马	10～15克/亩	喷雾
柑橘	介壳虫	4000～5000（倍液）	喷雾
柑橘	蚜虫	10000～12000（倍液）	喷雾
西瓜	蚜虫	8～10克/亩	喷雾
葡萄	介壳虫	4000～5000（倍液）	喷雾
火龙果（温室）	介壳虫	4000～5000（倍液）	喷雾
甘蔗	绵蚜	10000～12000（倍液）	喷雾
茶树	茶小绿叶蝉	4～6克/亩	喷雾

【使用技术】

（1）于稻飞虱若虫盛发初期施药。

（2）于烟粉虱、白粉虱始盛期施药。

（3）于蚜虫、蓟马等为害初期或始盛期施药。

（4）防治韭蛆，于收割后2～3天进行灌根。

（5）每季作物最多使用次数：豇豆、芹菜、韭菜、火龙果（温室）、番茄（灌根）、辣椒（灌根）、茄子（灌根）、甘蓝（灌根）1次；水稻、西瓜、葡萄、马铃薯、节瓜、菠菜、番茄（苗期喷雾）、辣椒（苗期喷雾）、茄子（苗期喷雾）、甘蓝（苗期喷雾）2次；柑橘、甘蔗3次；黄瓜、茶树4次。

【安全间隔期】

茶树、豇豆3天；黄瓜、菠菜5天；番茄、辣椒、茄子、西瓜、节瓜、马铃薯、葡萄、甘蓝（喷雾）7 天；芹菜 10 天；韭菜、柑橘、甘蓝（灌根）14 天；甘蔗 15 天；火龙果（温室）21 天；水稻 28 天。

【产品性能】

本品是烟碱类杀虫剂，兼具胃毒及触杀作用。施药后，可被作物根部或叶片迅速内吸，并传导到植株各部位。

【注意事项】

（1）对蜜蜂和家蚕高毒，周围开花植物花期和桑园、蚕室附近禁用。

（2）使用时关注对附近蜂群的影响，禁止在开花植物开花前 5 天或花期结束后 5 天施药。赤眼蜂等天敌放飞区禁用。

22. 吡虫啉

【毒性】 低毒。

【常用剂型和含量】 10%可湿性粉剂、600 克/升悬浮种衣剂。

【防治对象和使用方法】

10%吡虫啉可湿性粉剂（按标签要求使用）

作物	防治对象	用药量（克/亩）/稀释倍数	施用方式
水稻	稻飞虱	20～30	喷雾
十字花科蔬菜	蚜虫	10～20	喷雾
芹菜	蚜虫	10～20	喷雾
黄瓜（温棚）	白粉虱	10～20	喷雾
莲藕	莲缢管蚜	10～20	喷雾
韭菜	韭蛆	200～300	药土法
柑橘	蚜虫	3000～5000（倍液）	喷雾
茶树	小绿叶蝉	3000～4000（倍液）	喷雾
桃	桃蚜	4000～5000（倍液）	喷雾
梨	黄粉虫	4000～5000（倍液）	喷雾
梨	梨木虱	2000～3000（倍液）	喷雾

600克/升吡虫啉悬浮种衣剂（按标签要求使用）

作物	防治对象	100千克种子用药量（毫升）	施用方式
水稻	蓟马	200～400	种子包衣
马铃薯	蛴螬	40～50	种薯包衣
花生	蛴螬	200～400	种子包衣
玉米	蛴螬、蚜虫	200～600	种子包衣

【使用技术】

（1）于水稻飞虱发生初期用药。

（2）于蚜虫发生初期至盛发期用药。

（3）韭菜每亩用药量拌土30千克撒施，使用时充分拌匀。

（4）防治其他害虫，在低龄若虫或低龄幼虫高峰期喷雾用药。

（5）每季作物最多使用次数：茶树、黄瓜、梨2次；水稻2次；甘蓝2次；韭菜1次；芹菜3次；莲藕1次。

【安全间隔期】

黄瓜、甘蓝、芹菜、茶树、梨7天；韭菜、莲藕、水稻14天。

【产品性能】

本品属硝基亚甲基类内吸杀虫剂，具内吸、触杀、胃毒作用，是烟酸乙酰胆碱酯酶受体的作用体，通过干扰刺吸式口器害虫运动神经系统的传导，使化学信号传递失灵。

【注意事项】

（1）对蜜蜂、家蚕有毒，施药期间应避免对周围蜂群的影响，开花植物花期、蚕室和桑园附近禁用。远离水产养殖区施药。

（2）不可与呈碱性的农药等物质混合使用。

23. 啶虫脒

【毒性】 低毒。

【常用剂型和含量】 5%乳油。

【防治对象和使用方法】

5%啶虫脒乳油（按标签要求使用）

作物	防治对象	用药量/稀释倍数	施用方式
豇豆	蓟马	30～40毫升/亩	喷雾
芹菜	蚜虫	24～36毫升/亩	喷雾
萝卜	黄条跳甲	60～120毫升/亩	喷雾
菠菜	蚜虫	30～50毫升/亩	喷雾
黄瓜	蚜虫	40～50毫升/亩	喷雾
大白菜	蚜虫	16～20毫升/亩	喷雾
黄瓜（保护地）	白粉虱	50～80克/亩	喷雾
莲藕	莲缢管蚜	20～30毫升/亩	喷雾
柑橘	蚜虫	2000～2500（倍液）	喷雾

【使用技术】

（1）于萝卜黄条跳甲成虫始盛期施药，施药时应先在四周喷药带，然后由外往里喷药，以防黄条跳甲逃逸。

（2）于黄瓜蚜虫发生初盛期施药。

（3）于柑橘树蚜虫发生期施药；于菠菜蚜虫成、若虫发生期施药；于芹菜蚜虫发生高峰初期施药；于莲藕莲缢管蚜发生始盛期施药。

（4）于豇豆蓟马若虫发生初期施药。

（5）每季作物最多使用次数：黄瓜、豇豆、莲藕1次；柑橘、菠菜、萝卜2次；大白菜、芹菜3次。

【安全间隔期】

黄瓜、芹菜、菠菜7天；豇豆3天；莲藕、大白菜14天；萝卜21天；柑橘30天。

【产品性能】

本品属烟碱类杀虫剂，具触杀和胃毒作用，有较强渗透和内吸作用，持效期较长。

【注意事项】

（1）不可与呈碱性的农药等物质混合使用。

（2）对蜜蜂、家蚕有毒，施药期间应避免对周围蜂群的影响，开花植物花期、蚕室和桑园附近禁用。

24. 三氟苯嘧啶

【毒性】 低毒。

【常用剂型和含量】 10%悬浮剂。

【防治对象和使用方法】

10%三氟苯嘧啶悬浮剂（按标签要求使用）

作物	防治对象	用药量（毫升/亩）	施用方式
水稻	稻飞虱	10～16	喷雾

【使用技术】

（1）在水稻营养生长期（分蘖期至幼穗分化期前）于稻飞虱低龄若虫始盛期，使用足够水量进行茎叶喷雾。

（2）每季作物最多使用次数：水稻1次。

【安全间隔期】

水稻21天。

【产品性能】

本品为新型介离子杀虫剂，可有效防治稻飞虱，具有良好的内吸传导性。

【注意事项】

（1）远离水产养殖区、河塘等水体附近施药。不食用施药后稻田内养殖的虾、蟹等水生生物。

（2）对蜜蜂、家蚕有毒，避免在蜜蜂觅食时施药，蚕室和桑园附近禁用。

25. 氟啶虫胺腈

【毒性】 低毒。

【常用剂型和含量】 22%悬浮剂。

【防治对象和使用方法】

22%氟啶虫胺腈悬浮剂（按标签要求使用）

作物	防治对象	用药量（毫升/亩）/稀释倍数	施用方式
水稻	稻飞虱	15～20	喷雾
白菜	蚜虫	7.5～12.5	喷雾
黄瓜	蚜虫	7.5～12.5	喷雾
黄瓜	烟粉虱	15～23	喷雾
马铃薯	蚜虫	10～12	喷雾
柑橘	矢尖蚧	4500～6000（倍液）	喷雾
葡萄	盲蝽蟓	1000～1500（倍液）	喷雾
桃	桃蚜	5000～10000（倍液）	喷雾

【使用技术】

（1）于黄瓜烟粉虱成虫始盛期或卵孵始盛期施药，对黄瓜叶片背面均匀喷雾，在第一次施药后7天再施第二次，可取得较好效果。

（2）于水稻稻飞虱低龄若虫期施药，重点对水稻稻株茎叶基部喷雾。

（3）于柑橘矢尖蚧第一代低龄若虫始盛期施药。

（4）于白菜、黄瓜、马铃薯和桃蚜虫发生始盛期施药。

（5）于葡萄盲蝽蟓低龄若虫期施药。

（6）每季作物最多使用次数：黄瓜、西瓜、桃、葡萄、马铃薯、白菜2次；水稻、柑橘树1次。

【安全间隔期】

黄瓜3天；西瓜、桃、马铃薯、白菜7天；水稻、柑橘、葡萄14天。

【产品性能】

本品是新型砜亚胺类杀虫剂，作用于昆虫神经系统，具有胃毒和触杀作用，用于防治多种作物的刺吸式口器害虫。

【注意事项】

对蜜蜂、家蚕等有毒，施药期间应避免影响周围蜂群。在蜜源植物花期、蚕室和桑园附近、赤眼蜂等天敌放飞区域禁用。

26. 吡蚜酮

【毒性】 低毒。

【常用剂型和含量】 25%可湿性粉剂。

【防治对象和使用方法】

25%吡蚜酮可湿性粉剂（按标签要求使用）

作物	防治对象	用药量（克/亩）/稀释倍数	施用方式
水稻	稻飞虱	18～20	喷雾
菠菜	蚜虫	20～25	喷雾
芹菜	蚜虫	11.2～16.8	喷雾
莲藕	莲缢管蚜	12～24	喷雾
茭白	长绿飞虱	1666～2500（倍液）	喷雾

【使用技术】

（1）在虫害始发期至盛发期施药。

（2）本品杀虫作用较慢，施药后3～4天开始见效。如虫害暴发，建议改用其他速效性药剂。

（3）每季作物最多使用次数：菠菜、茭白、莲藕1次；水稻2次；芹菜3次。

【安全间隔期】

菠菜、芹菜、茭白10天；莲藕14天；水稻21天。

【产品性能】

本品具触杀作用，通过与害虫接触使其产生口针效应而停止进食，最终饥饿而死，整个过程不可逆转。

【注意事项】

对鱼类等水生生物、蜜蜂、家蚕低毒，开花作物花期、蚕室及桑园附近禁用。远离水产养殖区域施药。

27. 呋虫胺

【毒性】 低毒。

【常用剂型和含量】 20%悬浮剂、20%水分散粒剂、8%悬浮种衣剂、3%颗粒剂。

【防治对象和使用方法】

20%呋虫胺悬浮剂（按标签要求使用）

作物	防治对象	用药量（毫升/亩）	施用方式
水稻	飞虱	25～30	喷雾
茶树	茶小绿叶蝉	30～40	喷雾

20%呋虫胺水分散粒剂（按标签要求使用）

作物	防治对象	用药量（克/亩）	施用方式
水稻	稻飞虱	20～40	喷雾
甘蓝	菜青虫	20～40	喷雾
韭菜	韭蛆	225～300	喷淋

8%呋虫胺悬浮种衣剂（按标签要求使用）

作物	防治对象	100千克种子用药量（克）	施用方式
水稻	稻飞虱	1000～1250	种子包衣
花生	蛴螬	1450～2500	种子包衣
玉米	蚜虫	1450～2500	种子包衣
马铃薯	蛴螬	400～500	种薯包衣

3%呋虫胺颗粒剂（按标签要求使用）

作物	防治对象	用药量（克/亩）	施用方式
甘蓝	黄条跳甲	1000～1400	撒施

【使用技术】

（1）于水稻飞虱卵孵盛期或低龄若虫发生盛期用药。

（2）于茶树茶小绿叶蝉若虫始盛期施药。

（3）于韭菜韭蛆发生初期兑水根部喷淋。

（4）防治甘蓝黄条跳甲，于定植前均匀撒施 1 次，将颗粒剂翻耕于土壤后种植。

（5）每季作物最多使用次数：韭菜 1 次；水稻、茶树 2 次；甘蓝 3 次。

【安全间隔期】

茶树 7 天；甘蓝 10 天；水稻 20 天；韭菜 21 天。

【产品性能】

本品为烟碱乙酰胆碱受体的兴奋剂，影响昆虫中枢神经系统的突触，具有较强的内吸活性，兼具触杀、胃毒作用，可快速被植物吸收并向顶传导。

【注意事项】

（1）对蜜蜂、家蚕和大型蚤等水生生物有毒，开花作物花期、蚕室及桑园附近禁用，赤眼蜂等天敌放飞区域禁用。

（2）远离水产养殖区、河塘等水体附近施药。

28. 烯啶虫胺

【毒性】 低毒。

【常用剂型和含量】 10% 水剂。

【防治对象和使用方法】

10% 烯啶虫胺水剂（按标签要求使用）

作物	防治对象	用药量（毫升/亩）/稀释倍数	施用方式
水稻	稻飞虱	20～30	喷雾
柑橘	蚜虫	4000～5000（倍液）	喷雾

【使用技术】

（1）于稻飞虱若虫盛发期用药，注意对水稻基部喷雾。

（2）于蚜虫低龄幼虫盛发期施药。

（3）每季作物最多使用次数：柑橘 1 次；水稻 2 次。

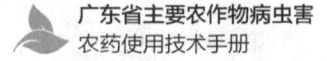

【安全间隔期】

柑橘 14 天；水稻 21 天。

【产品性能】

本品属烟酰亚胺类杀虫剂，具有内吸作用。

【注意事项】

对鱼类等水生生物、蜜蜂、家蚕有毒，施药时应避免对周围蜂群的影响，开花植物花期、蚕室和桑园附近禁用。远离水产养殖区施药，赤眼蜂等天敌放飞区域禁用。

29. 噻虫胺

【毒性】 低毒。

【常用剂型和含量】 1%颗粒剂、0.1%颗粒剂、50%水分散粒剂。

【防治对象和使用方法】

1%噻虫胺颗粒剂（按标签要求使用）

作物	防治对象	用药量（克/亩）	施用方式
韭菜	韭蛆	1500～2100	撒施
黄瓜	斑潜蝇	2800～3500	穴施
甘蔗	蛴螬	1400～1800	撒施
大葱	根蛆	1500～2500	沟施
甘蓝	黄条跳甲	1980～2520	穴施
水稻	稻飞虱	2000～2500	撒施

0.1%噻虫胺颗粒剂（按标签要求使用）

作物	防治对象	用药量（千克/亩）	施用方式
甘蔗	蔗螟	25～30	撒施
玉米	蛴螬	40～50	撒施
花生	蛴螬	40～50	撒施

50% 噻虫胺水分散粒剂（按标签要求使用）

作物	防治对象	用药量（克/亩）	施用方式
番茄	烟粉虱	6～8	喷雾

【使用技术】

（1）韭菜韭蛆：在韭菜收割后或定植期，于韭蛆幼虫发生初期施药。

（2）黄瓜斑潜蝇：于幼苗移栽时穴施1次。

（3）甘蔗蛴螬：新种植时，将药剂均匀撒施在甘蔗垄沟内，然后覆土。在甘蔗培土时，将药剂均匀撒施在甘蔗垄旁，然后覆土。

（4）大葱根蛆：在大葱移栽时施于定植沟或培土前施于根基部。

（5）甘蓝黄条跳甲：于甘蓝移栽前将药剂拌土，撒于种植穴内，移栽后覆土。

（6）水稻稻飞虱：在插秧当日起秧前将颗粒剂均匀撒在育秧盘上（先在秧盘四周边缘撒一圈，然后循环z字形撒入秧盘），若稻叶湿润，在处理前先抖落叶面上的水珠。

（7）番茄烟粉虱：在烟粉虱发生初期开始用药。

（8）每季作物最多使用次数：韭菜、黄瓜、甘蔗、大葱、甘蓝1次；番茄3次。

【安全间隔期】

番茄7天；韭菜、大蒜14天。

【产品性能】

本品为新烟碱类杀虫剂，具有强内吸性、触杀和胃毒作用。

【注意事项】

（1）对蜜蜂有风险，周围开花植物花期禁用。赤眼蜂等天敌放飞区域禁用。

（2）颗粒剂撒施后要用土均匀覆盖，保持一定的土壤墒情利于药效发挥。

30. 氟吡呋喃酮

【毒性】 低毒。

【常用剂型和含量】 17%可溶液剂。

【防治对象和使用方法】

17%氟吡呋喃酮可溶液剂（按标签要求使用）

作物	防治对象	用药量（毫升/亩）/稀释倍数	施用方式
番茄	烟粉虱	30～40	喷雾
茄子	烟粉虱	30～40	喷雾
辣椒	烟粉虱	30～40	喷雾
柑橘	木虱	3000～4000（倍液）	喷雾

【使用技术】

（1）于烟粉虱成虫发生初期喷雾，每亩用药量兑水 45～60 升。

（2）于柑橘树木虱发生初期喷雾，每亩用药量兑水 200 升。

（3）每季作物最多使用次数：番茄 1 次；柑橘 1 次。

【安全间隔期】

番茄 3 天；柑橘 21 天。

【产品性能】

本品属丁烯羟酸内酯类杀虫剂，是烟碱型乙酰胆碱受体激动剂，具内吸性、胃毒和触杀活性。

【注意事项】

本品对家蚕有毒，桑园及蚕室附近禁用，（周围）开花植物花期禁用。

31. 吡丙醚

【毒性】 低毒。

【常用剂型和含量】 100 克/升乳油。

【防治对象和使用方法】

100 克/升吡丙醚乳油（按标签要求使用）

作物	防治对象	用药量（毫升/亩）/稀释倍数	施用方式
柑橘	介壳虫、木虱	1000～1500（倍液）	喷雾
番茄	白粉虱	47.5～60	喷雾

【使用技术】

（1）于番茄白粉虱发生初期施药，每亩用药量兑水50升，隔7天左右再用药1次。

（2）于柑橘介壳虫、木虱若虫孵化初期施药，隔7～15天再用药1次。

（3）每季作物最多使用次数：番茄、柑橘2次。

【安全间隔期】

番茄7天；柑橘28天。

【产品性能】

本品是保幼激素类型的几丁质合成抑制剂，具杀卵作用，可抑制胚胎发育及卵的孵化或生成没有生活能力的卵。

【注意事项】

（1）本品对桑蚕有毒，桑园及蚕室附近禁用。

（2）本品对水生生物有毒，避免药液进入水体，注意远离虾、蟹养殖塘等水域施药。

（3）赤眼蜂等天敌放飞区域禁用。

32. 虱螨脲

【毒性】 低毒。

【常用剂型和含量】 50克/升乳油、10%悬浮剂。

【防治对象和使用方法】

50 克/升虱螨脲乳油（按标签要求使用）

作物	防治对象	用药量（毫升/亩）/稀释倍数	施用方式
柑橘	锈壁虱	1500～2500（倍液）	喷雾
番茄	棉铃虫	50～60	喷雾
菜豆	豆荚螟	40～50	喷雾
柑橘	潜叶蛾	1500～2500（倍液）	喷雾
甘蓝	甜菜夜蛾	30～40	喷雾
马铃薯	马铃薯块茎蛾	40～60	喷雾
玉米	草地贪夜蛾	40～60	喷雾

10% 虱螨脲悬浮剂（按标签要求使用）

作物	防治对象	用药量（毫升/亩）/稀释倍数	施用方式
甘蓝	甜菜夜蛾	15～20	喷雾
柑橘	锈壁虱	3000～3750（倍液）	喷雾
韭菜	韭蛆	150～250	灌根

【使用技术】

（1）在甘蓝甜菜夜蛾低龄幼虫期喷雾1～2次，每亩用药量兑水30～45升。

（2）在柑橘潜叶蛾、锈壁虱发生初期施药，每亩用药量兑水100～200升。

（3）在马铃薯块茎蛾发生初期施药，每亩用药量兑水30～45升。

（4）在菜豆豆荚螟幼虫发生始盛期施药，每亩用药量兑水30～60升。

（5）在番茄棉铃虫卵孵化盛期至低龄幼虫期施药，每亩用药量兑水30～60升。

（6）在玉米草地贪夜蛾低龄幼虫始盛期施药，每亩用药量兑水15～45升。

（7）在韭菜韭蛆发生初期灌根。

（8）每季作物最多使用次数：玉米、韭菜1次；甘蓝、柑橘、番茄2次；马铃薯、菜豆3次。

【安全间隔期】

菜豆、番茄7天；甘蓝、马铃薯、韭菜14天；玉米21天；柑橘28天。

【产品性能】

本品主要通过抑制几丁质生物的合成阻止昆虫表皮形成,从而起到杀虫作用。对害虫兼具胃毒和触杀作用,具有较好杀卵作用。

【注意事项】

(1) 对甲壳类动物高毒,对鱼类等水生生物有毒。施药应远离水产养殖区、河塘等水域。

(2) 瓢虫、赤眼蜂等天敌放飞区禁用,桑园及蚕室附近禁用。

33. 氟啶脲

【毒性】 低毒。

【常用剂型和含量】 50克/升乳油。

【防治对象和使用方法】

50克/升氟啶脲乳油(按标签要求使用)

作物	防治对象	用药量(毫升/亩)/稀释倍数	施用方式
甘蓝	菜青虫、小菜蛾、甜菜夜蛾	40～80	喷雾
柑橘	潜叶蛾	2000～3000(倍液)	喷雾
韭菜	韭蛆	200～300	药土法

【使用技术】

(1) 从施药至害虫死亡需3～5天,需在害虫卵孵盛期至低龄幼虫期施药。

(2) 防治韭菜韭蛆:在上茬韭菜收割后第二天,将每亩药剂量与细沙土30千克搅拌均匀,顺韭菜垄撒施于土表,然后顺垄浇水,浇足水量,保证药剂渗入韭菜鳞茎部。

(3) 每季作物最多使用次数:韭菜1次;柑橘2次;甘蓝3次。

【安全间隔期】

甘蓝7天;韭菜14天;柑橘21天。

【产品性能】

本品是特异性昆虫生长调节剂,抑制昆虫表皮几丁质合成,使幼虫不能正常蜕皮而死亡。以胃毒为主，兼有触杀作用，主要对食叶性的鳞翅目、双翅目以及鞘翅目等害虫有效，具低药量、持效长、高效的特点。

【注意事项】

（1）无内吸传导作用，施药须均匀周到。

（2）对鱼类等水生生物、蜜蜂、家蚕有毒，开花植物花期、蚕室和桑园附近禁用。远离水产养殖区施药。

34. 氟铃脲

【毒性】 低毒。

【常用剂型和含量】 5%乳油。

【防治对象和使用方法】

5%氟铃脲乳油（按标签要求使用）

作物	防治对象	用药量（毫升/亩）	施用方式
十字花科蔬菜	小菜蛾	40～70	喷雾
甘蓝	甜菜夜蛾	60～75	喷雾
大蒜	根蛆	450～600	喷淋
韭菜	韭蛆	300～400	灌根

【使用技术】

（1）于小菜蛾卵孵盛期至低龄幼虫盛发期施药。

（2）于甘蓝甜菜夜蛾发生初期施药。

（3）于韭菜韭蛆发生初期兑水根部喷淋；于田间大蒜可见少量黄叶尖、大蒜根蛆（葱蝇、迟眼蕈蚊）始发期喷淋根部1次。

（4）药剂具有光活化作用，晴天或早上施药较好。

（5）每季作物最多使用次数：韭菜、大蒜1次；甘蓝2次。

【安全间隔期】

甘蓝7天；大蒜10天；甘蓝、韭菜14天。

【产品性能】

本品属苯甲酰脲杀虫剂，是几丁质合成抑制剂，具较高杀虫和杀卵活性，该杀虫剂在抑制蜕皮而杀死害虫的同时还能抑制害虫吃食速度，有较快击倒力。

【注意事项】

（1）不能与呈碱性的农药等物质混用。

（2）对鱼类等水生生物、蜜蜂、家蚕有毒，蜜源作物花期、蚕室和桑园附近禁用。远离水产养殖区、河塘等水域附近施药。

35. 丁醚脲

【毒性】 低毒。

【常用剂型和含量】 500克/升悬浮剂。

【防治对象和使用方法】

500克/升丁醚脲悬浮剂（按标签要求使用）

作物	防治对象	用药量（毫升/亩）/稀释倍数	施用方式
甘蓝	小菜蛾	50～60	喷雾
小白菜	菜青虫	60～80（25%）	喷雾
茶树	茶小绿叶蝉	70～110	喷雾
柑橘	红蜘蛛	1000～2000（倍液）	喷雾

【使用技术】

（1）于甘蓝小菜蛾卵孵盛期或低龄幼虫始盛期喷雾；于茶小绿叶蝉发生初期喷雾。

（2）药剂具光活化作用，晴天或早上施药较好。

（3）每季作物最多使用次数：茶树、小白菜1次；甘蓝、柑橘2次。

【安全间隔期】

甘蓝7天；茶树、小白菜10天；柑橘21天。

【产品性能】

本品是硫脲类选择性杀虫剂，通过阻碍害虫体内神经细胞线粒体的功能，影响其呼吸作用及能量转换，使害虫僵死。具触杀和胃毒作用，对虫卵也有一定杀伤作用。

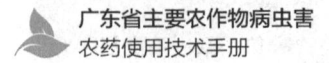

【注意事项】 对蜜蜂、家蚕和大型蚤等水生生物有毒,(周围)开花作物花期、蚕室及桑园附近禁用,远离水产养殖区、河塘等水域施药。赤眼蜂等天敌放飞区域禁用。

36. 除虫脲

【毒性】 低毒。

【常用剂型和含量】 25%可湿性粉剂。

【防治对象和使用方法】

25%除虫脲可湿性粉剂(按标签要求使用)

作物	防治对象	用药量(克/亩)/稀释倍数	施用方式
柑橘	锈壁虱	3000～4000(倍液)	喷雾
柑橘	潜叶蛾	2000～4000(倍液)	喷雾
甘蓝	菜青虫	50～63	喷雾
十字花科蔬菜	小菜蛾	32～40	喷雾
茶树	茶尺蠖	1500～2000(倍液)	喷雾
荔枝	蒂蛀虫	2000～2500(倍液)	喷雾

【使用技术】

(1)在菜青虫和潜叶蛾产卵高峰期或低龄幼虫期、锈壁虱低龄若虫期施药。

(2)在小菜蛾幼虫低龄期或成虫产卵期施药,视虫情,每7天左右1次,可连续3次。

(3)于荔枝蒂蛀虫卵孵化盛期至低龄幼虫期施药,视虫情,每季最多使用2次,隔10天左右1次。

(4)选择晴朗天气露水干后喷药,不宜在低温、高温、潮湿、持续阴雨、大雾条件下使用,不宜在作物苗期、花期使用,以免产生药害。

(5)每季作物最多使用次数:茶树1次;荔枝2次;柑橘、甘蓝3次。

【安全间隔期】

茶树 5 天；甘蓝 7 天；荔枝 21 天；柑橘 28 天。

【产品性能】

本品是抑制昆虫表皮几丁质合成的杀虫剂，使幼虫在蜕皮时不能形成新表皮，虫体成畸形而死亡。具胃毒和触杀作用，同时具杀卵作用。

【注意事项】

（1）在水及土壤中能迅速分解，正常使用条件下对蜜蜂、鱼类、鸟类、天敌及人畜较安全。

（2）不能与碱性物质混用。

（3）对水生无脊椎动物毒性较高，应避免流入水体。

37. 虫酰肼

【毒性】 低毒。

【常用剂型和含量】 20%悬浮剂。

【防治对象和使用方法】

20%虫酰肼悬浮剂（按标签要求使用）

作物	防治对象	用药量（毫升/亩）	施用方式
甘蓝	甜菜夜蛾	67～100	喷雾

【使用技术】

（1）于甘蓝甜菜夜蛾低龄幼虫发生期施药 1～2 次，施药间隔期 7～14 天。

（2）每季作物最多使用次数：甘蓝 2 次。

【安全间隔期】

甘蓝 7 天。

【产品性能】

本品属昆虫生长调节剂，促进鳞翅目幼虫非正常蜕皮。幼虫摄食本药剂 6～8 小时后，即停止取食，并产生异常蜕皮反应，导致脱水、饥饿直至死亡。对高龄和低龄幼虫均有效，持效期较长。

【注意事项】

（1）对鱼类等水生生物有毒，应远离水产养殖区施药。

（2）蚕室禁用，桑园附近慎用，开花植物花期禁用，并注意对周围蜂群的影响。

38. 灭幼脲

【毒性】 低毒。

【常用剂型和含量】 25%悬浮剂。

【防治对象和使用方法】

25%灭幼脲悬浮剂（按标签要求使用）

作物	防治对象	用药量（毫升/亩）	施用方式
甘蓝	菜青虫	10～20	喷雾

【使用技术】

（1）在卵孵化盛期至低龄幼虫分散为害前施药。

（2）每季作物最多使用2次。

【安全间隔期】

甘蓝7天。

【产品性能】

本品属苯酰脲类昆虫几丁质合成抑制剂，具有胃毒、触杀作用及黏附性。

【注意事项】

（1）本品花期使用对蜜蜂有不良影响。（周围）开花植物花期禁用，蚕室及桑园附近禁用。

（2）本品不能与石硫合剂和波尔多液等碱性物质混用。

39. 氟虫脲

【毒性】 低毒。

【常用剂型和含量】 50克/升可分散液剂、10%悬浮剂。

【防治对象和使用方法】

50 克/升氟虫脲可分散液剂（按标签要求使用）

作物	防治对象	用药量（克/升）/稀释倍数	施用方式
柑橘	潜叶蛾	1000～1300（倍液）	喷雾
柑橘	红蜘蛛	600～1000（倍液）	喷雾
柑橘	锈壁虱	50	喷雾

10% 氟虫脲悬浮剂（按标签要求使用）

作物	防治对象	稀释倍数	施用方式
茶树	茶小绿叶蝉	2000～2500（倍液）	喷雾

【使用技术】

（1）在红蜘蛛卵孵化初期、若螨期用药；在茶树茶小绿叶蝉若虫发生始盛期施药。

（2）本品没有内吸性，应对叶片两面及果实表面均匀喷施。

（3）每季最多使用次数：柑橘 2 次；茶树 1 次。

【安全间隔期】

柑橘 30 天；茶树 7 天。

【产品性能】

本品为苯甲酰脲类杀虫剂，是几丁质合成抑制剂，活性高、杀虫谱广和作用速度快，并有较好的叶面滞留性，有较长的持效期。对捕食性螨和昆虫安全。

【注意事项】

（1）不宜与碱性农药混用。

（2）对水生生物和家蚕有毒，水产养殖区、河塘等水体及附近禁用；桑园蚕室附近禁用。

40. 高效氯氰菊酯

【毒性】 中等毒。

【常用剂型和含量】 4.5% 乳油。

【防治对象和使用方法】

4.5%高效氯氰菊酯乳油（按标签要求使用）

作物	防治对象	用药量（毫升/亩）/稀释倍数	施用方式
十字花科蔬菜	菜青虫	22～33	喷雾
十字花科蔬菜	蚜虫	5～27	喷雾
十字花科蔬菜	小菜蛾	15～40	喷雾
韭菜	迟眼蕈蚊	10～20	喷雾
韭菜	韭蛆	35～50	喷雾
韭菜	蚜虫	15～30	喷雾
韭菜	葱须鳞蛾	30～50	喷雾
豇豆	豆荚螟	30～40	喷雾
枸杞	蚜虫	2000～2500（倍液）	喷雾
茶树	茶尺蠖	22～35	喷雾
茶树	茶小绿叶蝉	10～13	喷雾
梨	梨木虱	2000～3600（倍液）	喷雾
柑橘	红蜡蚧	900（倍液）	喷雾
柑橘	潜叶蛾	2250～3000（倍液）	喷雾
辣椒	烟青虫	35～50	喷雾
马铃薯	二十八星瓢虫	20～40	喷雾
荔枝	蒂蛀虫	65～85	喷雾

【使用技术】

（1）于韭菜蚜虫、葱须鳞蛾发生初期施药。

（2）于蔬菜菜青虫、小菜蛾、茶树茶尺蠖幼虫低龄期施药。

（3）于蔬菜蚜虫发生期施药。

（4）于辣椒烟青虫孵化盛期至2龄期施药。

（5）于柑橘红蜡蚧低龄若虫高峰期施药。

（6）防治柑橘潜叶蛾，于放梢后幼虫孵化高峰期施药。

（7）防治韭菜迟眼蕈蚊，于上茬韭菜割后2～3天喷雾，以韭菜田地面均匀布满药液为宜，每亩用药量兑水30升。

(8) 于治豇豆豆荚螟幼虫卵孵化初期施药。

(9) 于马铃薯二十八星瓢虫初孵幼虫盛期施药。

(10) 于荔枝蒂蛀虫成虫羽化高峰和幼虫发生初期施药。

(11) 每季作物最多使用次数：韭菜、茶树、豇豆1次；甘蓝、辣椒、马铃薯2次；十字花科蔬菜、柑橘、枸杞、荔枝3次。

【安全间隔期】

枸杞1天；十字花科蔬菜、辣椒、豇豆7天；韭菜、茶树10天；马铃薯4天；荔枝14天；柑橘40天。

【产品性能】

本品属拟除虫菊酯类杀虫剂，通过触杀和胃毒作用扰乱昆虫神经的正常生理，使之由兴奋、痉挛到麻痹而死亡。

【注意事项】

(1) 不能与强碱性药剂等物质混配。

(2) 对鱼类等水生生物、蜜蜂、家蚕有毒，开花植物花期、蚕室和桑园附近禁用。远离水产养殖区施药。

41. 联苯菊酯

【毒性】 中等毒。

【常用剂型和含量】 100克/升乳油。

【防治对象和使用方法】

100克/升联苯菊酯乳油（按标签要求使用）

作物	防治对象	用药量（毫升/亩）/稀释倍数	施用方式
柑橘	潜叶蛾	10 000～13 500（倍液）	喷雾
柑橘	红蜘蛛	3350～5000（倍液）	喷雾
柑橘	木虱	1667～3333（倍液）	喷雾
茶树	茶小绿叶蝉、粉虱、象甲	20～25	喷雾
茶树	茶尺蠖、茶毛虫	5～10	喷雾
番茄（保护地）	白粉虱	5～10	喷雾

【使用技术】

（1）于鳞翅目幼虫初孵幼虫至低龄幼虫期施药；于茶小绿叶蝉若虫高峰期前施药；于粉虱类害虫、螨类（红蜘蛛等）卵孵化盛期施药。

（2）于柑橘木虱若虫初发期施药，视虫害发生情况，每 10 ～ 15 天 1 次，连续 2 ～ 3 次。

（3）每季作物最多使用次数：茶树 1 次；番茄（大棚）3 次；柑橘 3 次。

【安全间隔期】

番茄（大棚）4 天；茶树 7 天；柑橘 14 天。

【产品性能】

本品属拟除虫菊酯类杀虫、杀螨剂，具触杀、胃毒作用，无内吸、熏蒸作用，作用较迅速。

【注意事项】

（1）对鱼类等水生生物、蜜蜂、家蚕有毒，施药时应注意避免对周围蜂群的影响，开花植物花期、蚕室和桑园附近禁用。远离水产养殖区施药。

（2）不宜与碱性农药等物质混用。

42. 高效氯氟氰菊酯

【毒性】　中等毒。

【常用剂型和含量】　25 克/升乳油、2.5% 水乳剂。

【防治对象和使用方法】

25 克/升高效氯氟氰菊酯乳油（按标签要求使用）

作物	防治对象	用药量（毫升/亩）/稀释倍数	施用方式
叶菜	菜红蜘蛛	常规用量下抑制作用	喷雾
叶菜	菜青虫	2000 ～ 4000（倍液）	喷雾
叶菜	蚜虫	2500 ～ 4150（倍液）	喷雾
果菜	蚜虫	2500 ～ 4150（倍液）	喷雾
果菜	菜青虫	2000 ～ 4000（倍液）	喷雾

续上表

作物	防治对象	用药量（毫升/亩）/稀释倍数	施用方式
柑橘	潜叶蛾	4000～6000（倍液）	喷雾
荔枝	蝽蟓	2000～4000（倍液）	喷雾
茶树	茶小绿叶蝉	40～80	喷雾
茶树	茶尺蠖	10～20	喷雾
大豆	食心虫	15～20	喷雾

2.5%高效氯氟氰菊酯水乳剂（按标签要求使用）

作物	对象	用药量（毫升/亩）/稀释倍数	施用方式
柑橘	蚜虫、潜叶蛾	3000～4000（倍液）	喷雾
甘蓝	菜蚜、菜青虫	15～20	喷雾
甘蓝	小菜蛾	40～50	喷雾
玉米	粘虫	16～20	喷雾
小白菜	菜蚜、菜青虫	15～20	喷雾
大豆	食心虫	16～20	喷雾
马铃薯	蚜虫	12～17	喷雾
马铃薯	马铃薯块茎蛾	30～40	喷雾
荔枝	蝽蟓	2000～4000（倍液）	喷雾
荔枝	蒂蛀虫	1000～2000（倍液）	喷雾
茶叶	茶尺蠖	40～80	喷雾
茶叶	茶小绿叶蝉	60～100	喷雾

【使用技术】

（1）于害虫卵孵盛期至低龄幼虫始盛期施药。

（2）每季作物最多使用次数：茶树1次；大豆、马铃薯、玉米2次；果菜、叶菜、荔枝、烟草、柑橘3次。

【安全间隔期】

果菜、叶菜、马铃薯、荔枝、茶树、玉米7天；柑橘14天；大豆30天。

【产品性能】

本品为非内吸性拟除虫菊酯类杀虫剂,具有杀虫谱广、作用迅速等特性。

【注意事项】

（1）本品对鱼等水生生物、蜜蜂和家蚕有毒。水产养殖地附近、开花作物花期、蚕室桑园附近禁用。

（2）不得与碱性农药等物质混用。

43. 顺式氯氰菊酯

【毒性】 中等毒。

【常用剂型和含量】 100 克/升乳油。

【防治对象和使用方法】

100 克/升顺式氯氰菊酯乳油（按标签要求使用）

作物	防治对象	用药量（毫升/亩）/稀释倍数	施用方式
甘蓝	菜青虫、小菜蛾	5～10	喷雾
柑橘	潜叶蛾	10000～20000（倍液）	喷雾
豇豆	大豆卷叶螟	10～13	喷雾
黄瓜	蚜虫	5～10	喷雾
荔枝	蝽蟓	2000～2500（倍液）	喷雾
荔枝	蒂蛀虫	1000～1500（倍液）	喷雾

【使用技术】

（1）于害虫卵孵盛期至低龄幼虫始盛期用药。

（2）防治柑橘潜叶蛾，在新梢期用药 2 次，每次用药隔 5～7 天。

（3）防治蝽蟓，在成虫交尾产卵前和若虫发生期各施药 1 次；防治蒂蛀虫，宜在荔枝第一次生理落果后、果实膨大期、果实成熟前 20 天各施药 1 次。

（4）每季作物最多使用次数：黄瓜、豇豆 2 次；甘蓝 3 次；柑橘、荔枝 3 次。

【安全间隔期】

黄瓜、甘蓝 3 天；豇豆 5 天；柑橘 7 天；荔枝 14 天。

【产品性能】

本品属拟除虫菊酯类杀虫剂，以触杀或胃毒作用快速杀死害虫，可有效防治成虫及幼虫，对卵也有明显作用。

【注意事项】

（1）对鱼类等水生生物、蜜蜂、家蚕有毒，施药时应注意避免对周围蜂群的影响，开花植物花期、蚕室和桑园附近禁用。远离水产养殖区施药。

（2）对人畜的毒性较低，但对皮肤和眼睛有一定刺激作用。

44. 溴氰菊酯

【毒性】 中等毒。

【常用剂型和含量】 25 克/升乳油。

【防治对象和使用方法】

25 克/升溴氰菊酯乳油（按标签要求使用）

作物	防治对象	用药量（毫升/亩）/稀释倍数	施用方式
玉米	蚜虫	10～20	喷雾
玉米	玉米螟	20～28	拌毒砂、土撒喇叭口
花生	棉铃虫	25～30	喷雾
花生	蚜虫	20～25	喷雾
荔枝	蝽蟓	3000～5000（倍液）	喷雾
柑橘	害虫	2500～5000（倍液）	喷雾
柑橘	潜叶蛾	1500～2500（倍液）	喷雾
柑橘	蚜虫	2000～3000（倍液）	喷雾
茶树	害虫	10～20	喷雾
茶树	茶小绿叶蝉	20～30	喷雾

续上表

作物	防治对象	用药量（毫升/亩）/稀释倍数	施用方式
茶树	蚜虫、介壳虫、黑刺粉虱、茶毛虫、卷叶蛾、茶尺蠖	10～20	喷雾
十字花科蔬菜（大白菜等）	菜青虫	30～50	喷雾
十字花科蔬菜（大白菜等）	蚜虫、小菜蛾、斜纹夜蛾、黄条跳甲	20～40	喷雾
烟草	烟青虫	20～24	喷雾
荒地	飞蝗	28～32	喷雾

【使用技术】

（1）防治玉米螟，在卵孵高峰期、玉米喇叭口期按亩推荐剂量拌2千克细砂撒施入喇叭口。

（2）防治柑橘蚜虫，在抽梢时无翅蚜发生初期用药。

（3）防治柑橘潜叶蛾，在夏梢或秋梢整齐抽发（平均长度在5厘米以下）、有虫卵叶率50%以下用药，虫量大时，隔7天再施1次。

（4）防治荔枝蝽蟓，在卵孵盛期用药；防治其他害虫，在低龄若虫或低龄幼虫高峰期用药。

（5）每季作物最多使用次数：茶树1次；大豆、花生和玉米2次；其他作物3次。

【安全间隔期】

大白菜2天；茶树5天；大豆7天；花生14天；玉米20天；柑橘、荔枝28天。

【产品性能】

本品属拟除虫菊酯类杀虫剂，具胃毒和触杀作用，生物活性较高、击倒速度较快。

【注意事项】

本品对鱼类等水生生物、蜜蜂、家蚕有毒，施药期间应避免对周围蜂群的影响，开花植物花期、蚕室和桑园附近禁用。远离水产养殖区施药。

45. 乙螨唑

【毒性】 低毒。

【常用剂型和含量】 110 克/升悬浮剂。

【防治对象和使用方法】

110 克/升乙螨唑悬浮剂（按标签要求使用）

作物	防治对象	稀释倍数	施用方式
柑橘	红蜘蛛	5000～7500（倍液）	喷雾
草莓	红蜘蛛	3500～5000（倍液）	喷雾
西瓜	红蜘蛛	3500～5000（倍液）	喷雾
枸杞	瘿螨	5000～6010（倍液）	喷雾

【使用技术】

（1）在红蜘蛛低龄幼若螨始盛期开始用药。

（2）每季作物最多使用次数：枸杞1次；柑橘1次。

【安全间隔期】

枸杞5天；柑橘30天。

【产品性能】

本品为几丁质合成抑制剂，抑制螨类的蜕变，属非内吸性杀螨剂，具触杀作用，对卵也有效果。

【注意事项】

（1）对蚤类等水生生物有毒。

（2）不可与波尔多液混用。

46. 螺虫乙酯

【毒性】 低毒。

【常用剂型和含量】 22.4%悬浮剂。

【防治对象和使用方法】

22.4%螺虫乙酯悬浮剂（按标签要求使用）

作物	防治对象	用药量（毫升/亩）/稀释倍数	施用方式
柑橘	红蜘蛛、介壳虫、木虱	4000～5000（倍液）	喷雾
番茄	烟粉虱	20～30	喷雾
梨	梨木虱	4000～5000（倍液）	喷雾

【使用技术】

（1）于番茄烟粉虱产卵初期、柑橘介壳虫孵化初期、柑橘红蜘蛛种群始盛期施药；于柑橘木虱、梨木虱卵孵化高峰期施药。

（2）每季作物最多使用次数：番茄 1 次；柑橘 2 次；梨 2 次。

【安全间隔期】

番茄 5 天；柑橘 20 天；梨 21 天。

【产品性能】

本品是防治刺吸式口器害虫的杀虫（螨）剂，持效期较长。其作用机制为干扰害虫脂肪合成、阻断能量代谢。其内吸性较强，可在植株体内上下传导。

【注意事项】

对鱼类、藻类等水生生物和家蚕有毒。蚕室及桑园附近禁用；远离水产养殖区、河塘等水体附近施药；赤眼蜂等天敌放飞区域禁用。

47. 螺螨酯

【毒性】 低毒。

【常用剂型和含量】 240 克/升悬浮剂。

【防治对象和使用方法】

240 克/升螺螨酯悬浮剂（按标签要求使用）

作物	防治对象	稀释倍数	施用方式
柑橘	红蜘蛛	4000～6000（倍液）	喷雾

【使用技术】

（1）在害螨为害早期施药。

（2）每季作物最多使用次数：柑橘 1 次。

【安全间隔期】

柑橘 30 天。

【产品性能】

本品属非内吸性杀螨剂，具触杀和胃毒作用，对卵、若螨和雌成螨有较好防效（雄性成螨除外）。作用机制为抑制害螨体内脂肪合成、阻断能量代谢。

【注意事项】

（1）不能与强碱性农药和铜制剂等物质混用。

（2）对鱼类等水生生物有毒，应远离水产养殖区施药。

（3）避免在作物花期施药，以免对蜂群产生影响。

48. 乙唑螨腈

【毒性】 低毒。

【常用剂型和含量】 30%悬浮剂。

【防治对象和使用方法】

30%乙唑螨腈悬浮剂（按标签要求使用）

作物	防治对象	用药量（毫升/亩）/稀释倍数	施用方式
柑橘	红蜘蛛	3000～6000（倍液）	喷雾
草莓	二斑叶螨	10～20	喷雾

【使用技术】

（1）在低龄若螨始盛期施药。

（2）每季作物最多使用次数：柑橘2次；草莓2次。

【安全间隔期】

草莓5天；柑橘14天。

【产品性能】

本品是新型丙烯腈类杀螨剂，具较好的速效性和持效性，主要通过触杀和胃毒作用防治害螨，对卵、幼螨、若螨、成螨均有较好防效，与常规杀螨剂无交互抗性。

【注意事项】

远离水产养殖区、河塘等水体附近施药。

49. 唑螨酯

【毒性】 低毒。

【常用剂型和含量】 5%悬浮剂。

【防治对象和使用方法】

5%唑螨酯悬浮剂（按标签要求使用）

作物	防治对象	稀释倍数	施用方式
柑橘	红蜘蛛、锈壁虱	1000～2000（倍液）	喷雾

【使用技术】

（1）在卵孵化初期、若螨期用药效果最好。

（2）没有内吸性，为保证药效，喷药时应保证叶片两面及果实表面均匀喷到。

（3）每季最多使用次数：柑橘2次。

【安全间隔期】

柑橘15天。

【产品性能】

本品属苯氧基吡唑类杀螨剂，对若螨和成螨等各个生育期害螨均具较强触杀作用。高剂量时可直接杀死螨类，低剂量时可抑制螨类脱皮或产卵，具有击倒和抑制脱皮作用，持效期较长，无内吸作用，不受温度影响。

【注意事项】

（1）使用时要先摇晃药瓶，均匀喷洒，不要漏喷。

（2）不能在桑园、鱼塘、河流、养蜂场等处及其周围使用，以免对蚕、蜂、水生生物等有益生物产生毒害，禁止在河塘等水体中清洗施药器具。

（3）不可与碱性物质混用。

50. 联苯肼酯

【毒性】 低毒。

【常用剂型和含量】 43%悬浮剂。

【防治对象和使用方法】

43%联苯肼酯悬浮剂（按标签要求使用）

作物	防治对象	用药量（毫升/亩）/稀释倍数	施用方式
大蒜	截形叶螨	20～30	喷雾
柑橘	红蜘蛛	2000～2500（倍液）	喷雾
豇豆	二斑叶螨	20～30	喷雾
木瓜	二斑叶螨	2000～3000（倍液）	喷雾
草莓	二斑叶螨	10～25	喷雾
辣椒	茶黄螨	20～30	喷雾

【使用技术】

（1）在害螨发生初期用药。辣椒、草莓上使用，每亩用药量兑水30～45升；大蒜上使用，每亩用药量兑水40～50升；豇豆上使用，每亩用药量兑水40～50升。

（2）本品没有内吸性，喷药时应保证叶片两面及果实表面都均匀喷到。

（3）每季最多使用次数：柑橘2次；豇豆、辣椒、大蒜、草莓、木瓜1次。

【安全间隔期】

柑橘30天；大蒜7天；草莓、豇豆、木瓜、辣椒5天。

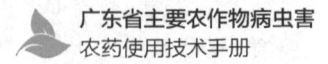

【产品性能】

本品是选择性杀螨剂,作用机理是对螨类中枢神经传导系统的γ-氨基丁酸受体的独特作用。本品对螨各个生活阶段均有效,具杀卵活性和成螨击倒活性,持效期长。

【注意事项】

(1) 蜜源植物花期、蚕室及桑园附近禁用;食用花卉或同类作物上禁用。

(2) 本品对鸟类和水生生物有毒,施药应远离水产养殖区,避免污染河塘等水体。鸟类保护期禁用。

51. 哒螨灵

【毒性】　中等毒。

【常用剂型和含量】　15%乳油。

【防治对象和使用方法】

15%哒螨灵乳油（按标签要求使用）

作物	防治对象	用药量（毫升/亩）/稀释倍数	施用方式
柑橘	红蜘蛛	2250～3000（倍液）	喷雾
萝卜	黄条跳甲	40～60	喷雾
小白菜	黄条跳甲	40～60	喷雾

【使用技术】

(1) 于柑橘每叶有红蜘蛛2只左右时施药。

(2) 于小白菜黄条跳甲成虫开始活动但尚未产卵时用药。施药时应先在菜地四周喷药,然后由外往里喷药,以防黄条跳甲成虫逃逸。

(3) 每季作物最多使用次数:小白菜1次;萝卜、柑橘2次。

【安全间隔期】

小白菜7天;萝卜14天;柑橘20天。

【产品性能】

本品为触杀性杀螨剂,对柑橘叶螨的卵、幼螨、若螨和成螨都有较好防效。药效不受温度影响,早春或秋季使用均可达到较好效果。

【注意事项】

（1）药剂击倒快，残效长，无内吸作用，施药要均匀。

（2）对鱼类毒性大，应防止污染鱼塘、河流，远离水产养殖区施药。

（3）植物花期时使用会对蜜蜂有不良影响，应避开蜜源作物花期施药。

（4）不能与石硫合剂和波尔多液等强碱性药剂混用。

52. 苯丁锡

【毒性】 低毒。

【常用剂型和含量】 50%可湿性粉剂。

【防治对象和使用方法】

50%苯丁锡可湿性粉剂（按标签要求使用）

作物	防治对象	稀释倍数	施用方式
柑橘	红蜘蛛	1500～2000（倍液）	喷雾
柑橘	锈壁虱	1500～2500（倍液）	喷雾

【使用技术】

（1）一叶有2～3只红蜘蛛或锈壁虱时施药。

（2）喷雾均匀，尤其是害螨较多时务必喷到叶背。

（3）于柑橘红蜘蛛开始发生时施药，隔7天再施1次。于柑橘锈壁虱发生始盛期施药。

（4）每季最多使用次数：柑橘2次。

【安全间隔期】

柑橘21天。

【产品性能】

本品是一种非内吸性杀螨剂，作用机理是干扰ATP的形成，抑制氧化磷酸化，对害螨以触杀为主，药性温和，不易产生药害，持效期长。

【注意事项】

（1）本品为感温型杀螨剂，气温低于15℃时药效较差，在冬季不宜使用。

（2）不能与碱性药剂混用。

（3）对鱼类等水生生物有毒，对蜜蜂和鸟低毒。

53. 矿物油

【毒性】 低毒。

【常用剂型和含量】 95%乳油、80%油乳剂。

【防治对象和使用方法】

95%矿物油乳油（按标签要求使用）

作物	防治对象	用药量（毫升/亩）/稀释倍数	施用方式
柑橘	蚜虫、红蜘蛛、锈壁虱	100～200（倍液）	喷雾
柑橘	介壳虫	50～60（倍液）	喷雾
柑橘	矢尖蚧	50～100（倍液）	喷雾
杨梅	介壳虫	50～60（倍液）	喷雾
枇杷	介壳虫	50～60（倍液）	喷雾
茶树	茶橙瘿螨	300～500	喷雾
黄瓜	白粉病	250～300	喷雾
番茄	烟粉虱	400～500	喷雾

80%矿物油油乳剂（按标签要求使用）

作物	防治对象	用药量（毫升/亩）/稀释倍数	施用方式
柑橘	红蜘蛛	150～200（倍液）	喷雾
茶树	茶橙瘿螨	400～600	喷雾
黄瓜	白粉病	300～400	喷雾

【使用技术】

（1）应现配现用，搅拌均匀，防止油水分层降低药效或导致药害。喷药均匀，确保叶片正反两面、嫩梢、果实、枝干和树干完全着药，以形成覆盖植株和植株上所有害虫及其卵的完整油膜，确保防效，延长用药周期。

（2）在果树上使用，应避开花期和幼果期。

（3）避开雨天使用，二次施用间隔7天左右。

（4）气温高于35℃时，在早上和傍晚使用，避开高温并采用低浓度的药液。

（5）于红蜘蛛幼、若螨盛发期施药1次，于茶树茶橙瘿始盛期施药1次，于枇杷介壳虫低龄若虫期施药1次。

（6）每季最多使用次数：柑橘、茶树各1次。

【产品性能】

本品具触杀作用，通过在害虫体被上形成一层油膜，封闭气孔，导致害虫窒息死亡，具杀虫谱广和长期使用无抗性的优良性能。

【注意事项】

（1）土壤长期干旱和作物严重缺水时请补充水分后再使用。当农作物衰弱时，需查明原因，并使植株恢复正常生长水平，方可使用。

（2）不可与呈碱性农药等物质混合使用，不可与百菌清、硫磺及本身容易产生药害的药剂混用。

（3）施药期间避免对周围蜂群的影响，蜜源作物花期、蚕室和桑园附近禁用。远离水产养殖区施药。

（4）花蕾期、花芽期及气温极低或极高期间慎用。

54. 灭蝇胺

【毒性】 低毒。

【常用剂型和含量】 70%可湿性粉剂。

【防治对象和使用方法】

70%灭蝇胺可湿性粉剂（按标签要求使用）

作物	防治对象	用药量（克/亩）	施用方式
菜豆	美洲斑潜蝇	21.4～25	喷雾
大葱	斑潜蝇	15～21	喷雾
黄瓜	美洲斑潜蝇	17.5～21	喷雾
韭菜	韭蛆	143～214	灌根

【使用技术】

(1) 应较常规药剂提前 2～3 天施药。

(2) 于菜豆美洲斑潜蝇卵孵盛期用药,视害虫发生情况,可连续施药 1～2 次。在早晨露水干后 8～11 时用药为宜。

(3) 于韭菜韭蛆发生初期按照推荐剂量每亩用药量兑水 250 升淋浇韭菜根茎处,药后浇足水,以保证药效。

(4) 每季作物最多使用次数：韭菜、葱 1 次,黄瓜、菜豆 2 次。

【安全间隔期】

黄瓜 2 天；菜豆 7 天；韭菜、葱 14 天。

【产品性能】

本品通过扰乱双翅目昆虫蜕皮激素的形成和释放,抑制双翅目昆虫幼虫的蜕皮、成长,致使受影响的幼虫不能正常发育而死亡。在正常情况下,本品对大多数有益昆虫无害。

【注意事项】

(1) 远离水产养殖区施药。

(2) 勿与其他碱性药剂等物质混用。

55. 杀螺胺

【毒性】 低毒。

【常用剂型和含量】 70% 可湿性粉剂。

【防治对象和使用方法】

70% 杀螺胺可湿性粉剂（按标签要求使用）

作物	防治对象	用药量（克/亩）	施用方式
水稻	福寿螺	30～40	喷雾

【使用技术】

(1) 于稻田福寿螺初发生时、移栽田插秧后一周内施药。

(2) 每季作物最多使用次数：水稻 2 次。

【安全间隔期】

水稻 52 天。

【产品性能】

本品是一种酚类杀软体动物制剂,具触杀和胃毒作用,对成螺、幼螺、螺卵均有较好的防治效果。本品通过阻止害螺对氧的摄入而降低呼吸作用最终致其死亡。

【注意事项】

(1) 避免与强碱性物质混用。

(2) 施药时应避免药液漂移到其他作物上,以防产生药害。

(3) 对鱼类、蛙、贝类有毒,应远离水产养殖区、河塘等水体施用。施药后的田水不得直接排入河塘等水域。

(4) 赤眼蜂等天敌放飞区域禁用。

56. 杀螺胺乙醇胺盐

【毒性】 低毒。

【常用剂型和含量】 50%可湿性粉剂。

【防治对象和使用方法】

50%杀螺胺乙醇胺盐可湿性粉剂(按标签要求使用)

作物	防治对象	用药量(克/亩)	施用方式
水稻	福寿螺	60～80	喷雾或毒土撒施

【使用技术】

(1) 于水稻福寿螺发生初期对稻田喷雾,也可与沙土拌匀后均匀撒施,施药时和施药后均保持稻田 3～5 厘米水层。药后保水 7 天。

(2) 每季作物最多使用 2 次。

【安全间隔期】

水稻 52 天。

【产品性能】

本品速效,通过阻止害螺对氧的摄入而降低呼吸作用,使其窒息死亡,兼杀螺卵。

【注意事项】

（1）施药时保持稻田平整，水深2～3厘米。超过4厘米时，需适当增加用药量。中午高温施药，害螺死亡速度快。田中无水不施药。施药后1天保证田中水量不增加。如果遇下雨天气，要视具体情况补充施药。

（2）对鱼类、蛙、贝类毒性高，应远离水产养殖区施药。

（3）不能与呈强酸、强碱性的农药等物质混用或先后紧接使用。

（4）本品为对蔬菜有药害，不得用于蔬菜地杀螺。

57. 四聚乙醛

【毒性】 低毒。

【常用剂型和含量】 6%颗粒剂。

【防治对象和使用方法】

6%四聚乙醛颗粒剂（按标签要求使用）

作物	防治对象	用药量（克/亩）	施用方式
水稻	福寿螺	400～544	撒施
叶菜	蜗牛	400～689	撒施

【使用技术】

（1）水稻福寿螺：在插秧、抛秧一天后，均匀撒施，保持2～5厘米水位3～7天。在气温13～30℃时用药效果最佳。

（2）叶菜蜗牛：在蜗牛活动频繁季节（土壤温度13～28℃之间）均匀撒施在作物根际周围或直接撒施在作物行间裸露的地面。在黄昏或雨后施药，效果更佳。

（3）每季作物最多使用次数：叶菜、水稻2次。

【安全间隔期】

叶菜7天；水稻70天。

【产品性能】

本品是一种选择性较强的杀蜗牛、福寿螺药剂，通过蜗牛、福寿螺的吸食或接触，使其在短时间内大量失水而死亡。

【注意事项】

（1）鸟类保护区附近禁用。

（2）忌用有焊锡的铁器包装。

（3）使用本品后，不要在田中践踏，以免影响杀蜗效果。

58. 苏云金杆菌

【毒性】 低毒。

【常用剂型和含量】 16000IU/毫克可湿性粉剂、32000IU/毫克可湿性粉剂。

【防治对象和使用方法】

16000IU/毫克苏云金杆菌可湿性粉剂（按标签要求使用）

作物	防治对象	用药量（克/亩）	施用方式
玉米	玉米螟	250～300	喷雾、毒土
豇豆	豆荚螟	75～100	喷雾
辣椒	烟青虫	100～150	喷雾
萝卜、青菜、白菜	菜青虫、小菜蛾	100～300	喷雾
甘薯	天蛾	100～150	喷雾
柑橘	柑橘凤蝶	150～250	喷雾
茶树	茶毛虫	100～500	喷雾

32000IU/毫克苏云金杆菌可湿性粉剂（按标签要求使用）

作物	防治对象	用药量（克/亩）	施用方式
豇豆	豆荚螟	75～100	喷雾
十字花科蔬菜	菜青虫	30～50	喷雾
水稻	稻纵卷叶螟	75～100	喷雾
水稻	二化螟	100～200	喷雾
辣椒	烟青虫	50～75	喷雾
甘蓝	小菜蛾	75～100	喷雾
玉米	草地贪夜蛾	225～300	喷雾
大葱	甜菜夜蛾	37.5～50	喷雾

【使用技术】

(1) 于稻纵卷叶螟卵孵高峰后 2～5 天或 1～2 龄幼虫期使用。

(2) 于菜青虫、烟青虫、小菜蛾、茶毛虫、甘薯天蛾、玉米螟低龄幼虫期使用。

(3) 于柑橘凤蝶 1～2 龄幼虫期使用。

(4) 于辣椒烟青虫卵孵化盛期开始用药。

(5) 于玉米草地贪夜蛾卵孵盛期至低龄幼虫期喷雾施药 1 次。

(6) 每季作物最多使用次数：3 次。

【产品性能】

本品是微生物杀虫剂，有胃毒作用，无触杀和内吸作用。敏感昆虫取食后，制剂中的晶体蛋白在碱性中肠中经特殊蛋白酶水解，转化为具有毒素活性的分子，并与中肠细胞膜上的特异性受体结合，导致害虫拒食、麻痹、肠穿孔，最终引起败血症而死亡。

【注意事项】

(1) 不能与碱性农药等物质混用。

(2) 不能与有机磷杀虫剂或杀菌剂混用。

(3) 对鱼类等水生生物、蜜蜂、家蚕有毒，施药应避免对周围蜂群的影响，开花植物花期、蚕室和桑园附近禁用。远离水产养殖区施药。

59. 甘蓝夜蛾核型多角体病毒

【毒性】 低毒。

【常用剂型和含量】 20 亿 PIB/毫升、30 亿 PIB/毫升、10 亿 PIB/毫升悬浮剂。

【防治对象和使用方法】

20 亿 PIB/毫升甘蓝夜蛾核型多角体病毒悬浮剂（按标签要求使用）

作物	防治对象	用药量（毫升/亩）	施用方式
玉米	草地贪夜蛾	40～60	喷雾
甘蓝	小菜蛾	90～120	喷雾
茶树	茶尺蠖	50～60	喷雾

30亿PIB/毫升甘蓝夜蛾核型多角体病毒悬浮剂（按标签要求使用）

作物	防治对象	用药量（毫升/亩）	施用方式
水稻	稻纵卷叶螟	30–50	喷雾

10亿PIB/毫升甘蓝夜蛾核型多角体病毒悬浮剂（按标签要求使用）

作物	防治对象	用药量	施用方式
玉米	玉米螟	80～100毫升/亩	喷雾
烟草	烟青虫	80～100克/亩	喷雾

【使用技术】

（1）于小菜蛾、茶尺蠖、草地贪夜蛾、稻纵卷叶螟、玉米螟、烟青虫低龄幼虫（3龄前）始发期施药。

（2）该药无内吸作用，喷药要均匀，重点喷洒新生叶部位和叶片背面。

（3）应选在傍晚或阴天施药，尽量避免阳光直射。

【产品性能】

本品是生物杀虫剂，具胃毒作用，无内吸作用。

【注意事项】

（1）不能与强酸、碱性物质混用。

（2）使用完毕，用清水将施药器械清洗干净。

60. 印楝素

【毒性】 低毒。

【常用剂型和含量】 0.3%乳油。

【防治对象和使用方法】

0.3%印楝素乳油（按标签要求使用）

作物	防治对象	用药量（毫升/亩）/稀释倍数	施用方式
十字花科蔬菜	小菜蛾	50～80	喷雾
十字花科蔬菜	菜青虫	90～140	喷雾
韭菜	韭蛆	1330～2660	灌根

续上表

作物	防治对象	用药量（毫升/亩）/稀释倍数	施用方式
枸杞	蚜虫	300～500（倍液）	喷雾
柑橘	潜叶蛾	400～600（倍液）	喷雾
玉米	草地贪夜蛾	200～250	喷雾
茶树	茶毛虫、茶小绿叶蝉	120～150	喷雾
茶树	茶黄螨	125～186	喷雾

【使用技术】

（1）于害虫卵孵盛期或低龄幼虫期施药，视虫害发生情况，每7～10天用药1次，可连续用药3次。

（2）每季作物最多使用次数：十字花科蔬菜、韭菜、柑橘3次，茶树2次。

【产品性能】

本品属植物源杀虫剂，具有拒食、忌避和抑制昆虫生长发育的作用。

【注意事项】

（1）不可与碱性农药等物质混用。

（2）禁止在河塘等水体中清洗施药器具、废弃物等。

61. 鱼藤酮

【毒性】 中等毒。

【常用剂型和含量】 2.5%乳油、6%微乳剂。

【防治对象和使用方法】

2.5%鱼藤酮乳油（按标签要求使用）

作物	防治对象	用药量（克/亩）	施用方式
十字花科蔬菜	蚜虫	100～150	喷雾

6%鱼藤酮微乳剂（按标签要求使用）

作物	防治对象	用药量（毫升/亩）	施用方式
茶树	茶小绿叶蝉	40～60	喷雾
甘蓝	蚜虫	33～50	喷雾

【使用技术】

（1）于蚜虫、茶小绿叶蝉低龄若虫始盛期施药，施药均匀，注意对叶片背面的喷雾。

（2）配药前充分摇匀，每亩用药量兑水 50～60 升。药剂见光易分解，宜阴天或傍晚施药，遇雨重喷。若预计 1 小时内降雨，则勿施药。

（3）每季作物最多使用次数：茶树 1 次；甘蓝 3 次。

【安全间隔期】

茶树 7 天；甘蓝 6 天。

【产品性能】

本品是用植物中提取的鱼藤酮原药配制而成，属细胞呼吸代谢抑制剂，作用于呼吸链引起害虫呼吸受阻，使害虫麻痹、瘫痪。持效期较长，有较强触杀和胃毒作用。

【注意事项】

（1）不得与碱性农药等物质混用。

（2）对鸟类、家蚕有毒，施药时应注意对附近鸟类的影响，鸟类保护区附近禁用；周围开花植物花期、蚕室及桑园附近、赤眼蜂等天敌放飞区禁用。

（3）对鱼类等水生生物有毒，远离水产养殖区、河塘等水体附近施药。

62. 苦参碱

【毒性】 低毒。

【常用剂型和含量】 0.3%水剂、0.6%水剂、1.5%可溶液剂。

【防治对象和使用方法】

0.3% 苦参碱水剂（按标签要求使用）

作物	防治对象	用药量/稀释倍数	施用方式
茶树	茶毛虫	90～120 毫升/亩	喷雾
茶树	茶小绿叶蝉	120～150 毫升/亩	喷雾
葡萄	灰霉病	600～800（倍液）	喷雾

续上表

作物	防治对象	用药量/稀释倍数	施用方式
十字花科蔬菜	菜青虫	100～120 克/亩	喷雾
十字花科蔬菜	蚜虫	160～220 毫升/亩	喷雾
韭菜	蚜虫	250～375 毫升/亩	喷雾
韭菜	韭蛆	1666～3333 毫升/亩	灌根

0.6% 苦参碱水剂（按标签要求使用）

作物	防治对象	用药量（毫升/亩）	施用方式
茶树	茶尺蠖	60～75	喷雾

1.5% 苦参碱可溶液剂（按标签要求使用）

作物	防治对象	用药量（毫升/亩）/稀释倍数	施用方式
水稻	稻飞虱	10～13	喷雾
豇豆、番茄、甘蓝、茄子、辣椒、黄瓜、芹菜、苦瓜	蚜虫	30～40	喷雾
葡萄	蚜虫	3000～4000（倍液）	喷雾
草莓	蚜虫	40～46	喷雾
柑橘、猕猴桃、枸杞	蚜虫	3000～4000（倍液）	喷雾
黄瓜	霜霉病	24～32	喷雾
葡萄	霜霉病	500～650（倍液）	喷雾

【使用技术】

（1）于茶毛虫幼虫盛发期施药；于茶小绿叶蝉若虫盛发初期施药；于茶尺蠖幼虫低龄期1～3龄施药，夏茶期在五六月初用药，秋茶期在八九月初用药。

（2）于稻飞虱、甘蓝菜青虫低龄幼虫盛发期施药。

（3）于葡萄灰霉病发病前或发病初期全株喷雾，可连续2～3次，每次间隔7～10天。

（4）防治韭菜韭蛆于收割后2～3天对植物根部喷淋1次；于韭菜蚜虫发生初期喷施1次。

（5）于霜霉病发生前或发生初期施药。

（6）每季作物最多使用次数：甘蓝 2 次；茶树 2 次；苦瓜、葡萄、黄瓜 3 次。

【安全间隔期】

甘蓝 21 天；茶树 3 天；葡萄、苦瓜、黄瓜 10 天。

【产品性能】

本品为植物源农药，具杀虫和杀菌功能，能使害虫中枢神经麻痹、蛋白凝固，最终导致气孔堵死而窒息死亡。作为杀菌剂，能抑制菌体生物合成，干扰菌体生物氧化过程。

【注意事项】

（1）不能与碱性药剂混用，不宜与化学农药混用，如使用过化学农药，5 天后再使用本品。

（2）对鱼类等水生生物、蜜蜂、家蚕有毒，施药时应避免对周围蜂群的影响，禁止在开花植物花期、蚕室和桑园附近使用。赤眼蜂等天敌放飞区域禁用。

63. 金龟子绿僵菌

【毒性】 低毒。

【常用剂型和含量】 100 亿孢子/克油悬浮剂、2 亿孢子/克 CQMa421 颗粒剂。

【防治对象和使用方法】

100 亿孢子/克金龟子绿僵菌油悬浮剂（按标签要求使用）

作物	防治对象	用药量/稀释倍数	施用方式
大白菜	甜菜夜蛾	20～33 克/亩	喷雾
豇豆	蓟马	30～35 毫升/亩	喷雾
水稻	二化螟	100～150 毫升/亩	喷雾
芒果	蓟马	1000～1500（倍液）	喷雾
玉米	草地贪夜蛾	100～150 毫升/亩	喷雾
烟草	烟粉虱	100～150 毫升/亩	喷雾

2 亿孢子/克金龟子绿僵菌 CQMa421 颗粒剂（按标签要求使用）

作物	防治对象	用药量（千克/亩）	施用方式
韭菜	韭蛆	4～6	沟施或穴施
玉米	玉米螟	3～4.5	撒施
花生	地老虎	2～6	沟施或穴施
萝卜	地老虎	4～6	撒施
甘蔗	蛴螬	4～6	撒施

【使用技术】

（1）于大白菜甜菜夜蛾幼虫 3 龄期前使用。

（2）于豇豆蓟马低龄若虫始盛期用药。

（3）于二化螟、草地贪夜蛾、蓟马低龄幼虫盛发期施药，视虫害发生情况，二化螟隔 14 天，其他隔 7～10 天再施药 1 次，每季作物可连续施药 1～2 次。

（4）于烟粉虱成虫始盛期施药，视虫害发生情况，7～10 天再施药 1 次，每季作物最多使用 2 次。

（5）金龟子绿僵菌 CQMa421 颗粒剂：在害虫卵孵化盛期或低龄幼虫期使用效果更佳，因作用方式为触杀，撒施时应全面、周到，尽量使颗粒剂均匀分布在作物根部周围。穴施或沟施后，作物可直接播种或移栽。

（6）阴天施药效果更佳。

【产品性能】

本品是真菌类微生物杀虫剂，虫体接触金龟子绿僵菌感染后，孢子侵入虫体内破坏其组织，使其致死。

【注意事项】

（1）包装一旦开启，应尽快用完，以免影响孢子活力。

（2）不可与呈碱性的农药或杀菌剂等物质混用。

（3）避免在蚕室及其周边用药。

64. 淡紫拟青霉

【毒性】 低毒。

【常用剂型和含量】 5 亿孢子/克颗粒剂、2 亿孢子/克粉剂。

【防治对象和使用方法】

5 亿孢子/克淡紫拟青霉颗粒剂（按标签要求使用）

作物	防治对象	用药量（克/亩）	施用方式
番茄	根结线虫	2500～3000	沟施或穴施

2 亿孢子/克淡紫拟青霉粉剂（按标签要求使用）

作物	防治对象	用药量（千克/亩）	施用方式
柑橘	线虫	10.5～15	撒施

【使用技术】

（1）于番茄播种前或移栽前穴施、沟施在种子或幼苗根系附近，深度为 20 厘米左右，施药 1 次。

（2）于柑橘树新梢抽发前或新根生长时，线虫发生前或初期使用。施药时先在树冠滴水线内刨根部周围表土层 1～2 厘米，再将药剂与适量细沙拌匀后均匀撒施，最后覆土淋水。

【产品性能】

本品属拟青霉属真菌，施入土壤后孢子萌发长出菌丝，菌丝可以穿透卵壳，以卵内物质为养料大量繁殖，并分泌几丁质酶，破坏线虫卵壳的几丁质层，使卵内的细胞和早期胚胎受破坏，导致不能孵出幼虫。

【注意事项】

不可与含有铜离子、镁离子的农药混合使用。

65. 阿维·氯苯酰

【毒性】 低毒（原药高毒）。

【常用剂型和含量】 6%悬浮剂（阿维菌素 1.7%、氯虫苯甲酰胺 4.3%）。

【防治对象和使用方法】

6%阿维·氯苯酰悬浮剂（按标签要求使用）

作物	防治对象	用药量（毫升/亩）	施用方式
水稻	稻纵卷叶螟、二化螟	45～50	喷雾
甘蓝	甜菜夜蛾、小菜蛾	30～50	喷雾

【使用技术】

（1）于甘蓝小菜蛾、甜菜夜蛾低龄幼虫期施药。

（2）防治水稻二化螟，在枯鞘初期叶面施药。

（3）于水稻稻纵卷叶螟1～2龄虫发生期施药。

（4）每季作物最多使用次数：甘蓝2次；水稻2次。

【安全间隔期】

甘蓝7天；水稻21天。

【产品性能】

本品由阿维菌素、氯虫苯甲酰胺两种作用机理不同的杀虫剂混配而成，具胃毒、触杀及叶片渗透作用。

【注意事项】

对家蚕有毒，对鱼、甲壳类等水生生物和蜜蜂高毒。蚕室及桑园附近禁用，赤眼蜂等天敌放飞区域禁用，周围植物花期禁用，施药时应关注对附近蜂群的影响。水产养殖区、河塘等水域附近禁用。

66. 联苯·噻虫嗪

【毒性】 低毒。

【常用剂型和含量】 1%颗粒剂（联苯菊酯0.5%、噻虫嗪0.5%）。

【防治对象和使用方法】

1%联苯·噻虫嗪颗粒剂（按标签要求使用）

作物	防治对象	用药量（克/亩）	施用方式
甘蓝	黄条跳甲	3000～4000	撒施
甘薯	小象甲	7000～8000	撒施

【使用技术】

(1) 于甘蓝移栽前黄条跳甲发生初期撒施,每季最多使用 1 次。

(2) 防治甘薯小象甲,在插植薯苗时往垄面均匀施药后覆薄土,每季最多施药 1 次。

【安全间隔期】

甘蓝 14 天;甘薯上为收获期。

【产品性能】

本品是新烟碱类和拟除虫菊酯类农药的混剂,具内吸、触杀和胃毒作用,击倒快,持效长。

【注意事项】

对鱼类等水生生物、蜜蜂、家蚕、鸟类有毒,水产养殖区、河塘等水体附近禁用。周围开花植物花期禁用,施药期间应密切关注对附近锋群的影响。桑园及蚕室附近禁用;赤眼蜂等天敌放飞区禁用。

67. 联苯·噻虫胺

【毒性】 低毒。

【常用剂型和含量】 1%颗粒剂(联苯菊酯 0.5%、噻虫胺 0.5%)。

【防治对象和使用方法】

1%联苯·噻虫胺颗粒剂(按标签要求使用)

作物	防治对象	用药量(千克/亩)	施用方式
甘蓝	黄条跳甲	3~4	撒施
甘蔗	蔗龟	3~4	撒施
韭菜	韭蛆	3~4	撒施

【使用技术】

(1) 于甘蓝移栽前将药剂施于沟(穴)中,然后移栽,施药后覆土。

(2) 新植蔗:甘蔗摆种后,将药剂均匀撒施于种植沟内,然后覆土。

(3) 于韭菜韭蛆幼虫发生初期施药,施药后立即覆土。

（4）施药时撒施均匀周到，以确保防效，施药后须保持一定土壤墒情以利于有效成分释放和均匀分布。

（5）在甘蓝、甘蔗、韭菜上每季最多使用1次。

【安全间隔期】

甘蓝30天；韭菜14天。

【产品性能】

本品为不同作用机理的联苯菊酯和噻虫胺混配制剂，具内吸、触杀和胃毒作用。

【注意事项】

（1）对蜜蜂有毒，勿污染养蜂及养蚕场所。

（2）对鱼、水蚤等水生生物有毒。远离水产养殖区、河塘等水体附近施药。

（3）勿与碱性农药等物质混合使用。

68. 阿维·多霉素

【毒性】 低毒（原药高毒）。

【常用剂型和含量】 5%悬浮剂（阿维菌素2%、多杀霉素3%）。

【防治对象和使用方法】

5%阿维·多霉素悬浮剂（按标签要求使用）

作物	防治对象	用药量（毫升/亩）	施用方式
苦瓜	瓜实蝇	30～40	喷雾

【使用技术】

在苦瓜瓜实蝇发生初期兑水均匀喷雾，每季作物最多使用3次。

【安全间隔期】

苦瓜7天。

【产品性能】

本品由阿维菌素和多杀霉素混配而成，作用于昆虫神经系统，具触杀、胃毒和熏蒸作用。

【注意事项】

（1）对蜜蜂、家蚕毒性高，花期开花植物周围禁用，施药时应注意对附近蜂群的影响，蚕室及桑园附近禁用。

（2）对鱼类等水生生物有毒，远离水产养殖区、河塘等水体附近施药。

（3）鸟类等保护区禁用；赤眼蜂等天敌昆虫放飞区禁用。

69. 呋虫胺·溴氰菊酯

【毒性】 低毒。

【常用剂型和含量】 10%悬浮剂（呋虫胺7.5%、溴氰菊酯2.5%）。

【防治对象和使用方法】

10%呋虫胺·溴氰菊酯悬浮剂（按标签要求使用）

作物	防治对象	用药量（毫升/亩）	施用方式
芹菜	蚜虫	15～20	喷雾

【使用技术】

于芹菜蚜虫发生始盛期施药，每季最多使用1次。

【安全间隔期】

芹菜7天。

【产品性能】

本品由呋虫胺与溴氰菊酯复配而成。呋虫胺为烟碱乙酰胆碱受体的兴奋剂，影响昆虫中枢神经系统的突触，具较强内吸活性，兼具触杀、胃毒作用；溴氰菊酯是拟除虫菊酯类杀虫剂，对害虫以触杀、胃毒为主，有一定驱避与拒食作用。

【注意事项】

对蜜蜂、鱼、家蚕、蚯蚓有毒，施药时应避免对周围蜂群的影响。（周围）开花植物花期、蚕室及桑园附近禁用；水产养殖区等水体附近禁用；赤眼蜂等天敌放飞区域禁用。

70. 螺虫乙酯·溴氰菊酯

【毒性】 低毒。

【常用剂型和含量】 30%悬浮剂（螺虫乙酯25%，溴氰菊酯5%）。

【防治对象和使用方法】

30%螺虫乙酯·溴氰菊酯悬浮剂（按标签要求使用）

作物	防治对象	用药量（毫升/亩）	施用方式
芹菜	蚜虫	10～12	喷雾

【使用技术】

在芹菜蚜虫发生初期施药，每季作物最多使用1次。

【安全间隔期】

芹菜7天。

【产品性能】

由螺虫乙酯与溴氰菊酯复配而成，螺虫乙酯属季酮酸类化合物，通过抑制昆虫脂质合成，造成中毒死亡，具双向内吸传导性能，持效期长；溴氰菊酯属拟除虫菊酯类杀虫剂，对鳞翅目和同翅目害虫效果好，具触杀和胃毒作用，触杀作用迅速。

【注意事项】

对蜜蜂、鱼、家蚕、水蚤有毒，施药时应避免对周围蜂群的影响。周围开花作物花期、蚕室及桑园附近禁用；水产养殖区等水体附近禁用；赤眼蜂等天敌放飞区域禁用。

71. 高效氯氰·虱螨脲

【毒性】 低毒。

【常用剂型和含量】 8%乳油（高效氯氰菊酯5.5%、虱螨脲2.5%）。

【防治对象和使用方法】

8%高效氯氰·虱螨脲乳油（按标签要求使用）

作物	防治对象	稀释倍数	施用方式
荔枝	蒂蛀虫	1000～1300（倍液）	喷雾

【使用技术】

在蒂蛀虫产卵盛期至低龄幼虫发生时施药，对叶片背面、树冠内膛、主枝主干、地上落叶等均匀喷雾，施药间隔7天，每季最多施药2次。

【安全间隔期】

荔枝14天。

【产品性能】

本品通过干扰昆虫中枢神经系统的正常功能而导致昆虫死亡，具触杀和胃毒作用，内吸和渗透作用强。

【注意事项】

（1）忌与碱性农药等物质混用。

（2）对鱼、蜜蜂、家蚕、瓢虫高毒。水产养殖区、河塘等水域附近禁用。施药期间应注意对附近蜂群的影响，桑园及蚕室附近禁用，赤眼蜂等天敌放飞区禁用。

72. 螺虫·噻虫啉

【毒性】 中等毒。

【常用剂型和含量】 22%悬浮剂（螺虫乙酯11%、噻虫啉11%）。

【防治对象和使用方法】

22%螺虫·噻虫啉悬浮剂（按标签要求使用）

作物	防治对象	用药量（毫升/亩）/稀释倍数	施用方式
黄瓜、辣椒、西瓜、甜瓜、番茄	烟粉虱	30～40	喷雾
茄子、马铃薯	蚜虫	20～40	喷雾

续上表

作物	防治对象	用药量（毫升/亩）/稀释倍数	施用方式
桃	桃蚜	3000～5000（倍液）	喷雾
香蕉	蓟马	5000～3000（倍液）	喷雾
梨	梨木虱	3000～5000（倍液）	喷雾
豇豆	蓟马	30～40	喷雾

【使用技术】

（1）于烟粉虱成虫发生初期至产卵初期施药；于桃树蚜虫、马铃薯蚜虫发生初期施药；防治梨木虱，于梨树落花后梨木虱卵孵盛期施药；防治香蕉蓟马，于香蕉现蕾期蓟马初发时施药。

（2）每季作物最多使用次数：马铃薯、桃 1 次；番茄、黄瓜、甜瓜、辣椒、豇豆、茄子、梨、香蕉 2 次。

【安全间隔期】

番茄、黄瓜、甜瓜、辣椒、豇豆、茄子 3 天；梨 21 天；香蕉 28 天；桃 14 天；马铃薯 10 天。

【产品性能】

本品为螺虫乙酯和噻虫啉的混剂。螺虫乙酯以胃毒作用为主，具内吸活性，能在植物体内双向传导；噻虫啉具胃毒和触杀作用，内吸活性高。

【注意事项】

（1）避免对蜜蜂、授粉昆虫、赤眼蜂、桑蚕及鸟类造成影响。（周围）开花植物花期禁用，使用时应关注对附近蜂群的影响。赤眼蜂等天敌放飞区禁用；桑园及蚕室附近禁用；鸟类保护区禁用。

（2）对水生生物有毒，远离水产养殖区域使用。

73. 氯氟·吡虫啉

【毒性】 中等毒

【常用剂型和含量】 33%悬浮剂（吡虫啉 26.4%、高效氯氟氰菊酯 6.6%）。

【防治对象和使用方法】

33%氯氟·吡虫啉悬浮剂（按标签要求使用）

作物	防治对象	用药量（毫升/亩）/稀释倍数	施用方式
甘蓝	蚜虫	4～6	喷雾
香蕉	蓟马	1000～2000（倍液）	喷雾

【使用技术】

（1）于甘蓝蚜虫低龄若虫盛发期，香蕉抽蕾期或蓟马发生始盛期喷雾施药。

（2）每季作物最多使用次数：香蕉1次；甘蓝2次。

【安全间隔期】

甘蓝7天；香蕉28天。

【产品性能】

本品由烟碱类与拟除虫菊酯类杀虫剂混配而成，具内吸传导、触杀、胃毒功能，击倒杀伤速度较快，持效期较长。

【注意事项】

对蜜蜂、家蚕有毒，周围开花植物花期、蚕室及桑园附近禁用，施药时应注意对附近蜂群的影响；对鱼类等水生生物有毒，远离水产养殖区等水体施药。对赤眼蜂有一定风险性，施药期应与赤眼蜂释放期错开，且远离释放区域。

74. 联肼·乙螨唑

【毒性】 低毒。

【常用剂型和含量】 45%悬浮剂（联苯肼酯30%、乙螨唑15%）。

【防治对象和使用方法】

45%联肼·乙螨唑悬浮剂（按标签要求使用）

作物	防治对象	用药量（毫升/亩）/稀释倍数	施用方式
柑橘	红蜘蛛	8000～12000（倍液）	喷雾
食用玫瑰	红蜘蛛	4～8	喷雾

【使用技术】

（1）在柑橘红蜘蛛种群数量上升初期施药，均匀喷湿叶片正反面。

（2）每季作物最多使用次数：柑橘、食用玫瑰1次。

【安全间隔期】

食用玫瑰14天；柑橘20天。

【产品性能】

本品是联苯肼酯和乙螨唑的混配制剂，对螨各个发育阶段均有效，对作物安全性高。

【注意事项】

对鱼类等水生生物有毒，应远离水产养殖区施药。

75. 吡虫·杀虫单

【毒性】 低毒。

【常用剂型和含量】 1%颗粒剂（吡虫啉0.1%、杀虫单0.9%）。

【防治对象和使用方法】

1%吡虫·杀虫单颗粒剂（按标签要求使用）

作物	防治对象	用药量（千克/亩）	施用方式
甘蔗	蔗螟、蚜虫	15～20	沟施

【使用技术】

（1）新种植蔗：将本品均匀撒施于排放蔗种的沟内，无需再添加或混用其他肥料，以免烧苗。

（2）宿根蔗：砍伐过的宿根蔗，尽早将本品均匀撒施其基部，撒施前后，喷施一次常规杀虫剂防治已钻入宿根蔗内的害虫。

【安全间隔期】

甘蔗150天。

【产品性能】

本品是根据作物生长过程中害虫发生和对养分的需求，以肥料颗粒做核芯生产的控释药肥颗粒剂。本品施于作物根部附近，土壤水分会溶解控释颗粒剂的致孔（开孔）剂而进入控释颗粒剂，使颗粒剂药肥成分持续缓慢地释放到作物根系周围土壤，进而随作物根系蒸腾作用被运输到作物地上各个部位，最终达到防虫和提供营养的目的。

【注意事项】

（1）宿根蔗施用，要撒施于作物根茬部位，防止根系吸收不到有效物质而影响防效；宿根蔗砍伐后，在撒施前或撒施后，需对宿根蔗茬喷施一遍杀虫剂，防治已蛀入甘蔗根基部的螟虫，否则会有枯心苗发生。

（2）鸟类保护区附近禁用，播种后应立即覆土。

第二章 杀菌剂

1. 噻呋酰胺

【毒性】 低毒。

【常用剂型和含量】 240克/升悬浮剂。

【防治对象和使用方法】

240克/升噻呋酰胺悬浮剂（按标签要求使用）

作物	防治对象	用药量（毫升/亩）	施用方式
水稻	纹枯病	18～23	喷雾
花生	白绢病	45～60	喷雾
马铃薯	黑痣病	70～120	喷雾

【使用技术】

（1）发病初期施药，每季作物使用1次。

（2）防治马铃薯黑痣病，于马铃薯覆土前喷洒于垄沟内的种薯及周围的土壤上，喷后合垄，每亩用药量兑水30升。

（3）防治花生白绢病，于花生下针期均匀喷雾于花生茎基部。

【安全间隔期】

水稻、花生7天。

【产品性能】

本品属噻唑酰胺类杀菌剂，具较强内吸传导性和较长持效性。由于含氟，其在生化过程中竞争力较强，一旦与底物或酶结合就不易恢复。

【注意事项】

对水生生物中等毒性，鱼或虾蟹套养稻田禁用，应远离水产养殖区施药。

2. 氟环唑

【毒性】 微毒。

【常用剂型和含量】 12.5%悬浮剂。

【防治对象和使用方法】

12.5%氟环唑悬浮剂（按标签要求使用）

作物	防治对象	用药量（毫升/亩）/稀释倍数	施用方式
水稻	稻曲病	48～60	喷雾
水稻	纹枯病	30～60	喷雾
香蕉	叶斑病	500～1000（倍液）	喷雾

【使用技术】

（1）防治水稻稻曲病，在水稻孕穗期至始穗期施药，隔7天施第二次药。

（2）在水稻纹枯病发生初期施药，隔7～10天施第二次药，每季作物最多使用2次。

（3）在香蕉叶斑病发生初期施药，隔7～10天施药1次，每季作物最多使用3次。

【安全间隔期】

水稻30天；香蕉35天。

【产品性能】

本品属三唑类杀菌剂，通过抑制病菌麦角甾醇的生物合成而起作用。

【注意事项】

（1）不可与碱性农药混合使用。

（2）对鱼等水生生物、蜜蜂有毒，施药期间应避免对周围蜂群的不利影响，开花植物花期禁用。

3. 苯醚甲环唑

【毒性】 微毒。

【常用剂型和含量】 40%悬浮剂、25%乳油。

【防治对象和使用方法】

40%苯醚甲环唑悬浮剂（按标签要求使用）

作物	防治对象	用药量（毫升/亩）/稀释倍数	施用方式
水稻	纹枯病	15～20	喷雾
香蕉	叶斑病	3200～4800（倍液）	喷雾

25%苯醚甲环唑乳油（按标签要求使用）

作物	防治对象	稀释倍数	施用方式
香蕉	叶斑病、黑星病	2000～3000（倍液）	喷雾

【使用技术】

于发病初期施药，施药间隔期7～15天，每季作物最多使用3次。

【安全间隔期】

（1）40%苯醚甲环唑悬浮剂：水稻21天，香蕉35天。

（2）25%苯醚甲环唑乳油：香蕉42天。

【产品性能】

本品为内吸性杀菌剂，具保护、治疗和内吸活性，是甾醇脱甲基化抑制剂，通过抑制细胞壁甾醇的合成阻止真菌生长。

【注意事项】

（1）不宜与铜制剂混用，避免在低于10℃和高于30℃的地方贮存。

（2）在蚕室及桑园附近禁用，远离水产养殖区施药。

（3）鱼或虾蟹套养稻田禁用，施药后田水不得直接排入水体。

4. 氢氧化铜

【毒性】 低毒。

【常用剂型和含量】 46%水分散粒剂。

【防治对象和使用方法】

46%氢氧化铜水分散粒剂（按标签要求使用）

作物	防治对象	用药量（克/亩）/稀释倍数	施用方式
番茄	早疫病	25～45	喷雾
马铃薯	晚疫病	25～30	喷雾
柑橘	溃疡病	1500～2000（倍液）	喷雾

【使用技术】

（1）防治马铃薯晚疫病在发病前施药，防治柑橘树溃疡病等在发病前或发病初期施药，且全株茎叶喷雾。

（2）每季作物最多使用3次，每次使用间隔7～10天。

【安全间隔期】

番茄5天；马铃薯7天；柑橘树21天。

【产品性能】

本品是新型铜制剂杀菌剂，能够稳定释放具有杀菌活性的铜离子。

【注意事项】

（1）须单独使用，避免与其他农药混用。

（2）桃、李、梅等作物对铜敏感，在这些作物周围或附近禁用。

（3）幼果、幼苗期、阴雨天、多雾天及露水未干时不宜施药，高温、高湿天气慎用。

（4）对家蚕有风险，在蚕室及桑园附近禁用，或采用最外围桑树作为隔离带。

（5）对鱼类等水生生物有毒，应远离水产养殖区施药。

5. 三环唑

【毒性】 低毒。

【常用剂型和含量】 75%可湿性粉剂。

【防治对象和使用方法】

75% 三环唑可湿性粉剂（按标签要求使用）

作物	防治对象	用药量（克/亩）	施用方式
水稻	稻瘟病	20～27	喷雾

【使用技术】

（1）水稻叶瘟：发病初期使用，7～10天后再施药1次；水稻穗颈瘟：在水稻破口和齐穗期各施药1次。

（2）每季作物最多使用2次。

【安全间隔期】

水稻21天。

【产品性能】

本品是内吸性能较强的保护性三唑类杀菌剂，能迅速被水稻根、茎、叶吸收并输送到稻株各部。抗冲刷力强，药后1小时遇雨不需补喷。本品主要通过抑制水稻稻瘟病孢子萌发和附着孢形成，有效阻止病菌侵入和减少稻瘟病菌孢子产生而起到杀菌作用。

【注意事项】

（1）避免与碱性物质混用。

（2）对鱼、虾、家蚕有毒，不要污染河流、池塘、桑园。

6. 稻瘟灵

【毒性】 低毒。

【常用剂型和含量】 40%乳油。

【防治对象和使用方法】

40%稻瘟灵乳油（按标签要求使用）

作物	防治对象	用药量（毫升/亩）	施用方式
水稻	稻瘟病	105～125	喷雾

【使用技术】

（1）苗瘟：在插秧前一周，苗床喷雾。

（2）叶瘟：在将要发病或发病初期用药。

（3）穗稻瘟：在孕穗后期或齐穗期使用。

（4）根据发病情况考虑用药次数，用药间隔为 7～14 天，每季作物最多使用 2 次。

【安全间隔期】

水稻 28 天。

【产品性能】

本品属内吸性杀菌剂，能被水稻各部位吸收，并累积到叶部组织，从而发挥药效，对稻瘟病有预防和治疗作用。

【注意事项】

（1）本品不可与石硫合剂、波尔多液等碱性物质混用。

（2）鱼或虾蟹套养稻田禁用，施药后的田水不得直接排入水体。

（3）桑园及蚕室附近禁用；周围开花植物花期禁用。

7. 咪鲜胺

【毒性】 低毒。

【常用剂型和含量】 450 克/升水乳剂。

【防治对象和使用方法】

450 克/升咪鲜胺水乳剂（按标签要求使用）

作物	防治对象	用药量（毫升/亩）/稀释倍数	施用方式
香蕉（果实）	冠腐病	900～1200（倍液）	浸果
柑橘	青霉病	900～1800（倍液）	浸果
火龙果（温室）	炭疽病	1800～3600（倍液）	喷雾
水稻	稻瘟病	40～60	喷雾
柑橘（果实）	炭疽病	1000～2000（倍液）	浸果

【使用技术】

（1）于水稻稻瘟病发病前或初期每亩用药量兑水 30～45 升喷雾，隔 7～

10天1次。

(2) 于火龙果（温室）炭疽病发病初期喷雾，隔7天施药1次。

(3) 香蕉八成熟时采收后，选取无伤的果实在配制好的本品药液中浸2分钟，捞起后晾干贮藏。当天采收的果实，当天用药处理，只浸果1次。

(4) 柑橘八九成熟时采收后，选取无伤的果实在配制好的本品药液中浸果1分钟，捞起后晾干贮藏。当天采收的果实，当天用药处理，只浸果1次。

【安全间隔期】

香蕉、水稻7天；柑橘、火龙果（温室）14天。

【产品性能】

咪鲜胺属咪唑类杀菌剂，可抑制病菌麦角甾醇合成，具传导、预防、保护、治疗等多重作用。

【注意事项】

(1) 对瓜类的幼苗较敏感，浸果后应避免药液飘移到上述作物上，以防产生药害。

(2) 不宜与强酸、强碱性农药混用。

(3) 对鱼类等水生生物有毒，应远离水产养殖区施药。对家蚕有毒，浸果时应远离桑园。

8. 咪鲜胺锰盐

【毒性】 低毒。

【常用剂型和含量】 50%可湿性粉剂。

【防治对象和使用方法】

50%咪鲜胺锰盐可湿性粉剂（按标签要求使用）

作物	防治对象	用药量（克/亩）/稀释倍数	施用方式
水稻	稻曲病	25～30	喷雾
黄瓜	炭疽病	60～80	喷雾
柑橘	青霉病、绿霉病	1000～2000（倍液）	浸果

【使用技术】

（1）于水稻破口抽穗前 5～10 天施药，间隔期 7～14 天，雨季适当缩短用药间隔期，每季作物最多使用 2 次。

（2）于黄瓜炭疽病发病前或发病初期施药，每季作物最多使用 2 次。

（3）将采摘的柑橘果实剔除病疤果和损伤果后，放进稀释好的药液里浸泡 1 分钟，取出晾干，只浸果 1 次。

【安全间隔期】

水稻 21 天；黄瓜 7 天；柑橘 15 天。

【产品性能】

本品具内吸、传导、预防、保护、治疗等多重作用，通过抑制甾醇合成而起作用。在土壤中主要降解为易挥发的代谢产物，易被土壤颗粒吸附，不易被雨水冲刷。

【注意事项】

（1）本品不可与碱性农药混合使用。

（2）对蜜蜂、家蚕有毒，施药期间应避免对周围蜂群的影响。

（3）在水产养殖区、河塘等水体附近禁用，鱼虾套养稻田禁用。

9. 嘧菌酯

【毒性】 低毒。

【常用剂型和含量】 80％水分散粒剂、50％水分散粒剂、25％悬浮剂。

【防治对象和使用方法】

80％嘧菌酯水分散粒剂（按标签要求使用）

作物	防治对象	用药量（克/亩）/稀释倍数	施用方式
水稻	纹枯病	10～20	喷雾
葡萄	霜霉病	1500～2000（倍液）	喷雾

50％嘧菌酯水分散粒剂（按标签要求使用）

作物	防治对象	用药量（克/亩）	施用方式
蕹菜	白锈病	22～33	喷雾

25%嘧菌酯悬浮剂（按标签要求使用）

作物	防治对象	用药量（毫升/亩）/稀释倍数	施用方式
马铃薯	晚疫病	15～20	喷雾
马铃薯	早疫病	40～50	喷雾
马铃薯	黑痣病	36～60	喷雾
辣椒	疫病	40～72	喷雾
辣椒	炭疽病	33～48	喷雾
柑橘	疮痂病、炭疽病	800～1200（倍液）	喷雾
荔枝	霜疫霉病	1200～1600（倍液）	喷雾
大豆	锈病	40～60	喷雾
花椰菜	霜霉病	40～70	喷雾
冬瓜	炭疽病、霜霉病	48～90	喷雾
芒果	炭疽病	1250～1667（倍液）	喷雾
西瓜	炭疽病	830～1250（倍液）	喷雾
黄瓜	霜霉病	32～48	喷雾
黄瓜	黑星病、蔓枯病、白粉病	60～90	喷雾
番茄	晚疫病、叶霉病	60～90	喷雾
番茄	早疫病	24～32	喷雾
香蕉	叶斑病	1000～2000（倍液）	喷雾
丝瓜	霜霉病	48～90	喷雾
葡萄	白腐病、黑痘病	830～1250（倍液）	喷雾
葡萄	霜霉病	1000～2000（倍液）	喷雾

【使用技术】

（1）于水稻纹枯病发生初期施药，连续2次，间隔期7～10天。

（2）于柑橘疮痂病发生前或初见零星病斑时喷雾1～2次，间隔期7～10天。

（3）于芒果炭疽病发生前或初见零星病斑时喷雾1～3次，间隔期7～10天。最佳用药时间为果树开花前、谢花后和幼果期，一季作物最多施药3次。

（4）于蔬菜病害发生前或初见零星病斑时喷雾1～2次，间隔期7～10天。

（5）防治西瓜炭疽病，香蕉叶斑病，葡萄霜霉病、黑痘病和白腐病，荔枝霜疫霉病于发生前或初见零星病斑时叶面喷雾 1～2 次，间隔 7～10 天，一季作物最多使用 3 次。

（6）防治马铃薯黑痣病，开沟下种后，向种薯和种薯两侧沟面喷药，覆土一半后，再喷施 1 次，最后覆土。每亩喷药液量 30～45 升。一季作物最多使用 1 次。

（7）于病害马铃薯晚疫病和早疫病发生前或初见零星病斑时喷雾 1～2 次，间隔期 7～10 天。

【安全间隔期】

水稻 28 天；柑橘、芒果、葡萄、花椰菜、西瓜、大豆 14 天；冬瓜、丝瓜 7 天；番茄、辣椒 5 天；黄瓜 1 天；香蕉 42 天。

【产品性能】

本品是 β-甲氧基丙烯酸酯类内吸性和治疗性杀菌剂，杀菌谱较广，在真菌病害所有阶段施用都有作用，具保护和防治作用。

【注意事项】

（1）避免与乳油类农药和有机硅类助剂混用。

（2）水产养殖区、河塘等水体附近禁用。

10. 吡唑醚菌酯

【毒性】 低毒。

【常用剂型和含量】 25% 悬浮剂、25% 乳油。

【防治对象和使用方法】

25% 吡唑醚菌酯悬浮剂（按标签要求使用）

作物	防治对象	用药量（毫升/亩）/稀释倍数	施用方式
香蕉	叶斑病	1000～1500（倍液）	喷雾
马铃薯	晚疫病	20～40	喷雾
芦笋	褐斑病	30～50	喷雾
葱	疫病	20～40	喷雾

25% 吡唑醚菌酯乳油（按标签要求使用）

作物	防治对象	用药量（毫升/亩）/稀释倍数	施用方式
大豆	叶斑病、植物健康作用	30～40	喷雾
玉米	大斑病、植物健康作用	30～50	喷雾
白菜	炭疽病	30～50	喷雾
芒果、茶树	炭疽病	1000～2000（倍液）	喷雾
西瓜	炭疽病	15～30	喷雾
西瓜	调节生长	10～25	喷雾
香蕉	叶斑病、黑星病	1000～3000（倍液）	喷雾
香蕉	炭疽病、轴腐病	1000～2000（倍液）	浸果
香蕉	调节生长	1000～2000（倍液）	喷雾
黄瓜	白粉病、霜霉病	20～40	喷雾

【使用技术】

（1）白菜：发病前或发病初期用药，隔7天1次，每季作物使用3次。

（2）茶树：新叶发病初期用药，隔7～10天1次，全期2次。

（3）黄瓜：发病初期用药，隔7～14天1次，每季节作物最多使用4次。

（4）芒果：嫩梢抽生3～5厘米时开始施药，隔7～10天1次，每季作物使用2～3次。

（5）西瓜炭疽病：发病前或发病初期用药，隔7～10天1次，每季作物使用2～3次；西瓜健康植株防治：施药2～3次，在西瓜伸蔓期、初花期和坐果期各施药1次。

（6）玉米大斑病：发病前或发病初期用药，隔10～20天连续施药，每季作物使用2～3次；玉米健康植株防治：第一次施药在玉米7～10叶期，第二次在玉米抽雄吐丝期，每季作物使用1～2次。

（7）香蕉叶斑病、黑星病：发病初期用药，隔10～15天1次，每季作物使用3次；香蕉健康植株防治：香蕉营养生长期施药3次，隔10天1次。香蕉炭疽病、轴腐病：分梳后在药液中浸泡2分钟，捞出后晾干，装入聚乙烯袋密封贮存。

(8) 大豆叶斑病：发病前或发病初期用药，隔 7~10 天 1 次，每季作物使用 2 次；大豆健康植株防治：大豆落花后结荚初期施药 1~2 次，隔 7~10 天 1 次。

【安全间隔期】

香蕉 42 天；马铃薯、葱、茶树 21 天；芦笋 3 天；白菜 14 天；黄瓜 2 天；芒果 7 天；西瓜 5 天；玉米、大豆 10 天。

【产品性能】

本品是病原菌线粒体呼吸抑制剂，具较宽杀菌谱和较高杀菌活性，具保护和治疗作用，可改善作物品质，增加叶绿素，增强光合作用，降低植物呼吸作用，增加碳水化合物积累，提高硝酸还原酶活性，增加氨基酸及蛋白质积累，提高作物病菌侵害抵抗力；促进超氧化物歧化酶活性，提高作物抗逆能力（如干旱、高温、冷凉）；提高坐果率、果品甜度、胡萝卜素含量，抑制乙烯合成，延长果品保存期。

【注意事项】

（1）不可与强酸、强碱性物质混用。

（2）对鱼类等水生生物和家蚕高毒，桑园和蚕室附近禁用，远离水产养殖区、河塘等水体附近施药。

（3）对蜜蜂有毒，施药期间应避免对周围蜂群的影响。赤眼蜂等天敌放飞区禁用。

11. 啶氧菌酯

【毒性】 低毒。

【常用剂型和含量】 22.5% 悬浮剂。

【防治对象和使用方法】

22.5% 啶氧菌酯悬浮剂（按标签要求使用）

作物	防治对象	用药量（毫升/亩）/稀释倍数	施用方式
香蕉	叶斑病	1200~1500（倍液）	喷雾
黄瓜	霜霉病	35~45	喷雾

续上表

作物	防治对象	用药量（毫升/亩）/稀释倍数	施用方式
葡萄	霜霉病	1200～1800（倍液）	喷雾
西瓜	炭疽病	40～50	喷雾
辣椒	炭疽病	30～35	喷雾
铁皮石斛	叶锈病	1200～2000（倍液）	喷雾

【使用技术】

（1）于作物发病前或发病初期使用。

（2）在黄瓜、辣椒、葡萄、西瓜、铁皮石斛上7天左右施药1次，共2～3次；在香蕉上15天左右施药1次，共3次。

【安全间隔期】

黄瓜1天；辣椒、西瓜7天；葡萄14天；香蕉、铁皮石斛28天。

【产品性能】

本品属甲氧基丙烯酸酯类广谱性内吸性杀菌剂，是线粒体呼吸抑制剂，活性高。

【注意事项】

（1）配制药液请勿添加有机硅等表面活性剂。

（2）不推荐与其他农药混合使用。

（3）不宜与强酸、强碱性物质混用。

（4）喷施时避免药液漂移至水生生物栖息地，蚕室和桑园附近禁用。

12. 硝苯菌酯

【毒性】 低毒。

【常用剂型和含量】 36%乳油。

【防治对象和使用方法】

36%硝苯菌酯乳油（按标签要求使用）

作物	防治对象	用药量（毫升/亩）	施用方式
黄瓜	白粉病	28～40	喷雾

【使用技术】

常规喷雾，每季作物最多使用3次。

【安全间隔期】

黄瓜3天。

【产品性能】

本品是病原菌氧化磷酸化的解偶联剂，其作用机制在用于防治白粉病的杀菌剂中是独特的，对多种重要农作物常见白粉病均具有预防、治疗及铲除功能。

【注意事项】

对水生生物高毒，远离水产养殖区施药，避免药液流入湖泊、河流或鱼塘。

13. 丙环唑

【毒性】 低毒。

【常用剂型和含量】 25%乳油。

【防治对象和使用方法】

25%丙环唑乳油（按标签要求使用）

作物	防治对象	用药量（毫升/亩）/稀释倍数	施用方式
水稻	纹枯病	30～60	喷雾
香蕉	叶斑病	500～1000（倍液）	喷雾
莲藕	叶斑病	20～30	喷雾

【使用技术】

（1）防治水稻纹枯病，于分蘖盛后期至抽穗期用药，一般连续施药2～

3次，间隔期10～12天。

（2）防治香蕉叶斑病，于发病前或初见病斑时用药，间隔10天左右施药1次，可连续施用2次，建议香蕉抽蕾前施药1次，抽蕾并套袋后再施药1次。注意不要将药液喷到香蕉蕉蕾（蕉仔）上，以免造成药害。若不慎喷到蕉仔上，应立即喷清水淋洗。

（3）防治莲藕叶斑病，于发病初期施药。

【安全间隔期】

水稻40天；香蕉42天；莲藕21天。

【产品性能】

本品是具保护和治疗作用的内吸性三唑类杀菌剂，可被根、茎、叶部吸收，并能很快在植株体内向上传导，主要防治子囊菌、担子菌和半知菌引起的病害。

【注意事项】

（1）不可与碱性农药等物质混用。

（2）对鱼等水生生物有毒，勿将制剂及其废液弃于池塘、沟渠和湖泊。

（3）用于莲藕，应在浮叶期后使用，避免药害风险。

14. 氟硅唑

【毒性】 低毒。

【常用剂型和含量】 10%水乳剂。

【防治对象和使用方法】

10%氟硅唑水乳剂（按标签要求使用）

作物	防治对象	用药量/稀释倍数	施用方式
番茄	叶霉病	40～50毫升/亩	喷雾
柑橘	树脂病（砂皮病）	1500～2000（倍液）	喷雾
柑橘	炭疽病	1000～2000（倍液）	喷雾
黄瓜	白粉病	40～50克/亩	喷雾

【使用技术】

(1) 于黄瓜白粉病、番茄叶霉病发病初期施药,7～10 天后第二次用药。

(2) 于柑橘新梢抽发期、花谢 2/3、幼果发病前或发病初期,每 10～15 天喷药 1 次,连施 3～4 次。

【安全间隔期】

黄瓜、番茄 3 天;柑橘 28 天。

【产品性能】

本品为内吸性杀菌剂,具预防和治疗作用,主要抑制病菌细胞膜的重要组成成分麦角甾醇合成,影响细胞膜渗透性、生理功能和脂类合成代谢,从而破坏病原菌的细胞膜,使病菌死亡。

【注意事项】

(1) 不可与强酸性、强碱性农药混合使用。

(2) 远离水产养殖区施药。

15. 氟菌唑

【毒性】 低毒。

【常用剂型和含量】 30% 可湿性粉剂。

【防治对象和使用方法】

30% 氟菌唑可湿性粉剂(按标签要求使用)

作物	防治对象	用药量(克/亩)/稀释倍数	施用方式
草莓	白粉病	15～30	喷雾
西瓜	白粉病	15～18	喷雾
黄瓜	白粉病	13.3～20	喷雾
葡萄	白粉病	15～18	喷雾
梨	黑星病	3000～4000(倍液)	喷雾

【使用技术】

(1) 黄瓜:在开花期前到落花 20 天后使用,使用 1～2 次。

（2）梨：发芽 10 天后到果实膨大期均可使用，其中开花前到落花 20 天后是重点防治期，使用 1～2 次。

（3）草莓：发病初期喷药，使用 1～3 次，间隔 7 天。

（4）葡萄：发病初期喷药，使用 1～3 次，间隔 7 天。

（5）西瓜：发病初期喷药，使用 1～3 次，间隔 7 天。

【安全间隔期】

黄瓜 2 天；梨、葡萄、西瓜 7 天；草莓 5 天。

【产品性能】

本品为甾醇脱甲基化抑制剂，具保护和治疗作用，内吸传导性好，抗雨水冲刷性强。

【注意事项】

（1）高浓度用于瓜类前期时会发生深绿化症。

（2）不宜与碱性和酸性农药等物质混用。

（3）对鱼类有毒，不可将剩余药液倒入池塘湖泊，防止刚施过药的田水流入河塘。

（4）对家蚕和蜜蜂有毒，桑蚕养殖区禁止使用，开花植物花期禁止使用。

16. 噻唑锌

【毒性】 微毒。

【常用剂型和含量】 30% 悬浮剂。

【防治对象和使用方法】

30% 噻唑锌悬浮剂（按标签要求使用）

作物	防治对象	用药量（毫升/亩）/稀释倍数	施用方式
柑橘	溃疡病	500～750（倍液）	喷雾
水稻	细菌性条斑病	67～100	喷雾

【使用技术】

在病害发生初期使用，若病情严重，应使用登记剂量内的高剂量。

【安全间隔期】

水稻、柑橘21天。

【产品性能】

本品是一种低毒性噻唑类有机锌杀菌剂,内吸性好,具有保护和治疗作用。

【注意事项】

(1) 不能与碱性农药等物质混用。

(2) 对鱼类等水生生物有毒,避免药液污染水源和养殖场所。

17. 噻菌铜

【毒性】 低毒。

【常用剂型和含量】 20%悬浮剂。

【防治对象和使用方法】

20%噻菌铜悬浮剂(按标签要求使用)

作物	防治对象	用药量/稀释倍数	施用方式
西瓜	枯萎病	75～100克/亩	喷雾
芋头	软腐病	300～500(倍液)	喷雾
桃	细菌性穿孔病	300～700(倍液)	喷雾
水稻	白叶枯病	100～130克/亩	喷雾
马铃薯	黑胫病	100～125毫升/亩	喷雾
兰花	软腐病	300～500(倍液)	喷雾
水稻	细菌性条斑病	125～160克/亩	喷雾
柑橘	疮痂病	300～500(倍液)	喷雾
大白菜	软腐病	75～100克/亩	喷雾
番茄	叶斑病	300～700(倍液)	喷雾
柑橘	溃疡病	300～700(倍液)	喷雾
黄瓜	角斑病	83.3～166.6克/亩	喷雾
猕猴桃	溃疡病	300～700(倍液)	喷雾

【使用技术】

于发病前或发病初期施药。

【安全间隔期】

黄瓜 5 天；番茄 3 天；水稻 15 天；柑橘、西瓜、大白菜、马铃薯、芋头、桃、猕猴桃 14 天。

【产品性能】

本品属噻唑类杀菌剂，具内吸、保护和治疗作用，能有效防治作物细菌性和真菌性病害。

【注意事项】

（1）不能与强碱性农药等物质混用。

（2）桑园及蚕室附近禁用。

18. 噻森铜

【毒性】 低毒。

【常用剂型和含量】 20%悬浮剂。

【防治对象和使用方法】

20%噻森铜悬浮剂（按标签要求使用）

作物	防治对象	用药量（毫升/亩）/稀释倍数	施用方式
黄瓜	细菌性角斑病	100～166	喷雾
大白菜	软腐病	120～200	喷雾
柑橘	溃疡病	300～500（倍液）	喷雾
水稻	细条病	100～125	喷雾
铁皮石斛	软腐病	500～600（倍液）	喷雾
水稻	白叶枯病	100～125	喷雾
西瓜	角斑病	100～160	喷雾
芋头	软腐病	300～500（倍液）	喷雾
番茄	青枯病	300～500（倍液）	灌根或茎基部喷雾
姜	姜瘟病	500～600（倍液）	灌根

【使用技术】

以预防为主，在发病初期防治，若发病较重，每隔 7～15 天防治 1 次。

【安全间隔期】

水稻、芋头、柑橘 4 天；大白菜 5 天；黄瓜 3 天；姜、铁皮石斛 28 天；西瓜 10 天。

【产品性能】

噻森铜由两个基团组成，一是噻唑基团，作用在植株的孔纹导管中，使细胞壁变薄，导致细菌死亡；二是铜离子，与某些酶结合，影响病菌活性。

【注意事项】

（1）铜敏感作物在花期及幼果期慎用或试后再用。

（2）在酸性条件下稳定，不可与强碱性农药混用。

19. 喹啉铜

【毒性】 低毒。

【常用剂型和含量】 40%悬浮剂。

【防治对象和使用方法】

40%喹啉铜悬浮剂（按标签要求使用）

作物	防治对象	用药量（毫升/亩）/稀释倍数	施用方式
柑橘	溃疡病	800～1000（倍液）	喷雾
黄瓜	细菌性角斑病	50～70	喷雾

【使用技术】

（1）于黄瓜细菌性角斑病发病前或发病初期施药，每季作物最多用 3 次。

（2）于柑橘发病前或谢花后进行常规喷雾，间隔 10 天左右施药 1 次。

【安全间隔期】

黄瓜 3 天；柑橘 30 天。

【产品性能】

本品是喹啉类保护性杀菌剂，属有机铜螯合物，对真菌性、细菌性病害具有良好预防和治疗作用。药液喷施后在植物表面形成一层药膜，与植物亲和力较强,耐雨水冲刷;药膜缓慢释放铜离子,能有效抑制病菌萌发和侵入。

【注意事项】

(1) 不能与强酸、碱性农药混用,也不能与含有其他金属离子的药剂混用。

(2) 对鱼类等水生生物、蜜蜂、家蚕有毒,施药时应关注对周围蜂群的影响,禁止在开花植物花期、蚕室和桑园附近使用。远离水产养殖区、河塘等水体附近施药。赤眼蜂等天敌放飞区域禁用。

20. 氯溴异氰尿酸

【毒性】 低毒。

【常用剂型和含量】 50%可溶粉剂。

【防治对象和使用方法】

50%氯溴异氰尿酸可溶粉剂(按标签要求使用)

作物	防治对象	用药量(克/亩)	施用方式
水稻	白叶枯病、细菌性条斑病	40~60	喷雾
大白菜	软腐病	50~60	喷雾
水稻	条纹叶枯病	60~80	喷雾

【使用技术】

(1) 于作物发病初期用药,发病重的地块视病情使用剂量范围的上限,或在第一次施药后,每隔3~7天再施药1~2次。

(2) 每季作物最多使用3次。

【安全间隔期】

水稻、大白菜7天。

【产品性能】

本品是内吸性杀菌剂,对作物细菌性病害效果较好,速效性较好,兼有治愈和预防作用。

【注意事项】

(1) 不可与碱性农药混用。

（2）施药器具不得在河塘内清洗，注意对蜜蜂和鸟类的影响。

21. 噻霉酮

【毒性】 低毒。

【常用剂型和含量】 3%微乳剂。

【防治对象和使用方法】

3%噻霉酮微乳剂（按标签要求使用）

作物	防治对象	用药量/稀释倍数	施用方式
黄瓜	细菌性角斑病	75～110克/亩	喷雾
柑橘	溃疡病	500～700（倍液）	喷雾
水稻	细菌性条斑病	60～100毫升/亩	喷雾

【使用技术】

于发病初期施药，间隔7～10天1次，全期共2～3次。

【安全间隔期】

黄瓜5天；水稻、柑橘14天。

【产品性能】

本品是广谱性杀菌剂，通过破坏病菌细胞核结构，使其衰竭死亡，同时干扰病菌细胞的新陈代谢，使其生理紊乱，导致死亡。

【注意事项】

（1）远离水产养殖区、河塘等水体附近施药。

（2）蚕室及桑园附近禁用。

22. 氟吡菌酰胺

【毒性】 低毒。

【常用剂型和含量】 41.7%悬浮剂、400克/升悬浮剂。

【防治对象和使用方法】

41.7%氟吡菌酰胺悬浮剂（按标签要求使用）

作物	防治对象	用药量	施用方式
番茄	根结线虫	0.024～0.030 毫升/株	灌根
西瓜	根结线虫	0.05～0.06 毫升/株	灌根
黄瓜	根结线虫	0.024～0.03 毫升/株	灌根
黄瓜	白粉病	5～10 毫升/亩	喷雾
香蕉	根结线虫	0.3～0.4 毫升/株	灌根
烟草	根结线虫	0.04～0.05 毫升/株	灌根

400 克/升氟吡菌酰胺悬浮剂（按标签要求使用）

作物	防治对象	用药量	施用方式
甘薯	根结线虫	60～80 毫升/亩	沟施
甘薯	茎线虫	60～80 毫升/亩	沟施
番茄	根结线虫	0.02～0.04 毫升/株	灌根
西瓜	根结线虫	0.05～0.075 毫升/株	灌根
马铃薯	根结线虫	67～83 毫升/亩	沟施
香蕉	根结线虫	0.25～0.5 毫升/株	灌根
黄瓜	根结线虫	0.02～0.04 毫升/株	灌根
柑橘	半穿刺线虫	1～1.4 毫升/株	灌根
姜	根结线虫	60～80 毫升/亩	沟施
山药	根结线虫	60～80 毫升/亩	沟施
山药	根腐线虫	60～80 毫升/亩	沟施
烟草	根结线虫	0.04～0.08 毫升/株	灌根
甜瓜	根结线虫	0.03～0.05 毫升/株	灌根
胡萝卜	根结线虫	60～80 毫升/亩	沟施
苦瓜	根结线虫	0.02～0.04 毫升/株	灌根
茄子	根结线虫	0.02～0.04 毫升/株	灌根
西葫芦	根结线虫	0.02～0.04 毫升/株	灌根

【使用技术】

（1）防治番茄、西瓜根结线虫，于移栽当天灌根。

（2）防治黄瓜根结线虫，于移栽后 15 天灌根，每株用药液 400 毫升。

（3）防治香蕉根结线虫，于香蕉苗 5～10 叶期灌根，每株用药液 500～3000 毫升。

（4）防治黄瓜、茄子、苦瓜、西葫芦、甜瓜根结线虫，在移栽后 7 天灌根，每株用药液量 400 毫升。

（5）防治姜根结线虫、马铃薯根结线虫、胡萝卜根结线虫、甘薯根结线虫和茎线虫、山药根结线虫和根腐线虫，在播种/扦插当天沟施，1 米行长药液量为 1000 毫升。

（6）防治柑橘半穿刺线虫，于抽新梢或长新根期灌根，每株药液量 2000 毫升。

（7）每季作物最多施用 1 次。

【安全间隔期】

黄瓜 2 天。

【产品性能】

本品为吡啶乙基苯酰胺类杀菌剂、杀线虫剂，通过作用于线粒体呼吸链，抑制琥珀酸脱氢酶（复合物Ⅱ）的活性从而阻断电子传递，导致不能提供机体组织的能量需求，进而杀死防治对象或抑制其生长发育。

【注意事项】

对水生生物有毒，药品及废液不得污染各类水域。

23. 氟噻唑吡乙酮

【毒性】　低毒。

【常用剂型和含量】　10% 可分散油悬浮剂。

【防治对象和使用方法】

10% 氟噻唑吡乙酮可分散油悬浮剂（按标签要求使用）

作物	防治对象	用药量（毫升/亩）/稀释倍数	施用方式
马铃薯	晚疫病	13～20	喷雾
黄瓜	霜霉病	13～20	喷雾
番茄	晚疫病	13～20	喷雾
葡萄	霜霉病	2000～3000（倍液）	喷雾
辣椒	疫病	13～20	喷雾

【使用技术】

于发病前保护性用药，隔10天左右施用1次，马铃薯、番茄、辣椒每季最多使用3次，葡萄和黄瓜每季最多使用2次。

【安全间隔期】

马铃薯5天；番茄、黄瓜和辣椒3天；葡萄14天。

【产品性能】

本品通过抑制氧化固醇结合蛋白（OSBP）的活性达到杀菌效果。本品对卵菌纲病害具优异杀菌活性，可快速被蜡质层吸收，具优秀耐雨水冲刷性，同时具有内吸向顶传导作用、保护新生组织的特点。

【注意事项】

不可与强酸、强碱性物质混用。

24. 噻唑膦

【毒性】 低毒。

【常用剂型和含量】 10% 颗粒剂。

【防治对象和使用方法】

10% 噻唑膦颗粒剂（按标签要求使用）

作物	防治对象	用药量（克/亩）	施用方式
甘蔗、黄瓜	根结线虫	1500～2000	撒施

【使用技术】

（1）于作物移栽前在土壤施药1次。为确保药效，在施药当天移栽。

（2）施药方法：全面土壤混合施药（防治线虫最有效），也可畦面施药及开沟施药。将药剂均匀撒于土壤表面，再用旋耕机或手工工具将药剂和土壤充分混合。药剂和土壤混合深度宜15～20厘米。

（3）一季作物只施药1次。

【产品性能】

本品为触杀性和内吸传导型杀线虫剂，低剂量就能阻碍线虫活动，防止线虫对植物根部的侵入。杀线虫效果不受土壤条件如湿度、酸碱度、温度影响。施药方法简单，无需换气，药剂处理后能直接定植。

【注意事项】

（1）对蚕有毒，桑园及蚕室附近禁用。鸟类保护区附近禁用。

（2）施药后立即覆土。药液及废液不得污染各类水域。

25. 丙森锌

【毒性】 低毒。

【常用剂型和含量】 70%可湿性粉剂。

【防治对象和使用方法】

70%丙森锌可湿性粉剂（按标签要求使用）

作物	防治对象	用药量（克/亩）/稀释倍数	施用方式
番茄	晚疫病	150～200	喷雾
辣椒	疫病	150～200	喷雾
黄瓜	霜霉病	150～200	喷雾
葡萄	霜霉病	400～600（倍液）	喷雾
柑橘	炭疽病	600～700（倍液）	喷雾

【使用技术】

（1）于葡萄、番茄、辣椒、黄瓜发病前或初期用药，隔7～10天1次。

（2）于柑橘炭疽病发病前或发病初期施药，隔10天左右1次。

（3）每季作物最多使用3次。

【安全间隔期】

柑橘21天；葡萄14天；番茄、辣椒、黄瓜5天。

【产品性能】

本品是一种保护性杀菌剂。

【注意事项】

（1）不得与碱性物质或含铜的农药等物质混用。

（2）如需与此类药剂轮换使用，间隔期应在7天以上。

（3）对鱼类有毒，应远离水产养殖区施药。

26. 代森铵

【毒性】 低毒。

【常用剂型和含量】 45%水剂。

【防治对象和使用方法】

45%代森铵水剂（按标签要求使用）

作物	防治对象	用药量（毫升/亩）/稀释倍数	施用方式
甘薯	黑斑病	200～400（倍液）	浸种
谷子	白发病	180～360（倍液）	浸种
黄瓜	霜霉病	78	喷雾
水稻	白叶枯病、纹枯病	50	喷雾
水稻	稻瘟病	78～100	喷雾
玉米	大斑病、小斑病	78～100	喷雾
白菜	霜霉病	78	喷雾

【使用技术】

（1）于发病前或发病初期施药，视病害发生情况，每7天左右1次，可连续2～3次。

（2）在黄瓜上，每季作物最多使用2次。在水稻、玉米上，每季作物最多使用 3 次。

（3）在夏季高温时，避免在作物上连续施用，以免发生药害。

【安全间隔期】

白菜、水稻、玉米 7 天；黄瓜 3 天。

【产品性能】

本品是具有渗透、保护、治疗作用的杀菌剂，渗入植物组织，杀菌力较强。

【注意事项】

不宜与石硫合剂、波尔多液等碱性农药混用，也不能与含铜制剂混用。

27. 代森锰锌

【毒性】 低毒。

【常用剂型和含量】 80% 可湿性粉剂。

【防治对象和使用方法】

80% **代森锰锌可湿性粉剂（按标签要求使用）**

作物	防治对象	用药量（克/亩）/稀释倍数	施用方式
番茄	早疫病	170～210	喷雾
西瓜	炭疽病	130～210	喷雾
马铃薯	晚疫病	150～180	喷雾
花生	叶斑病	50～75	喷雾
黄瓜	霜霉病	170～250	喷雾
柑橘	炭疽病、疮痂病	400～600（倍液）	喷雾
葡萄	霜霉病、白腐病、黑痘病	500～800（倍液）	喷雾
荔枝	霜疫霉病	400～600（倍液）	喷雾
甜椒	疫病、炭疽病	150～210	喷雾

【使用技术】

（1）于作物发病前或发病初期施药。

（2）防治黄瓜霜霉病，施药间隔期 7～10 天，连续 2 次，每季最多使用 3 次。

（3）于番茄早疫病、黄瓜霜霉病、西瓜炭疽病、甜椒疫病和炭疽病发生前用药，苗期用 1～2 次以减少病原，移栽后发病前或初见病斑时用药 1～2 次。

（4）防治柑橘疮痂病和炭疽病，于柑橘春夏梢期、谢花后期及幼果期各用药 1～2 次。

（5）于荔枝霜疫霉病发病前首次用药，一般在开花前、幼果期和转色期各用 1 次。

【安全间隔期】

番茄、甜椒、黄瓜 15 天；花生、马铃薯 7 天；西瓜、柑橘 21 天；葡萄 28 天；荔枝 10 天。

【产品性能】

本品是锌、锰离子以全络合态形式结合而成的保护性杀菌剂。药液在作物表面黏着性较强，喷药后在作物表面形成一层致密的保护药膜，抑制病菌萌发和侵入，从而达到防病的目的。无内吸性，耐雨水冲刷，可在雨前喷施，雨后不用重喷。

【注意事项】

（1）不能与石硫合剂等碱性药剂及含铜药剂混用。如需用铜制剂或碱性农药，应隔一周后再喷。

（2）对鱼类等水生生物有毒，远离水产养殖区、河塘等水体附近施药。

28. 甲基硫菌灵

【毒性】 低毒。

【常用剂型和含量】 50% 可湿性粉剂。

【防治对象和使用方法】

50%甲基硫菌灵可湿性粉剂（按标签要求使用）

作物	防治对象	用药量（克/亩）/稀释倍数	施用方式
水稻	纹枯病	170～200	喷雾
枸杞	白粉病	570～715（倍液）	喷雾
番茄	叶霉病	50～75	喷雾
水稻	稻瘟病	140～200	喷雾
瓜类	白粉病	45～68	喷雾
甘薯	黑斑病	1100～1400（倍液）	浸薯块

【使用技术】

（1）于发病前或发病初期施药，每隔10～15天1次。

（2）每季水稻最多使用3次，每季枸杞最多使用1次，每季番茄、瓜类最多使用2次。

【安全间隔期】

水稻30天；枸杞7天；番茄、瓜类20天。

【产品性能】

本品属于苯并咪唑类杀菌剂，具有内吸、预防和治疗作用。在植物体内转化为多菌灵，干扰病菌有丝分裂中纺锤体的形成，影响细胞分裂。

【注意事项】

不能与铜制剂及碱性农药等物质混用。

29. 烯酰吗啉

【毒性】 低毒。

【常用剂型和含量】 80%水分散粒剂。

【防治对象和使用方法】

80%烯酰吗啉水分散粒剂（按标签要求使用）

作物	防治对象	用药量（克/亩）/稀释倍数	施用方式
黄瓜	霜霉病	22～25	喷雾
菠菜	霜霉病	18.75～21.875	喷雾
葡萄	霜霉病	3200～4000（倍液）	喷雾
芋头	疫病	20～25	喷雾

【使用技术】

（1）于发病初期施药，间隔7～10天，连续2～3次。

（2）每季黄瓜、芋头最多使用3次，每季菠菜、葡萄最多使用2次。

【安全间隔期】

黄瓜5天；芋头28天；菠菜7天；葡萄14天。

【产品性能】

本品是肉桂酸衍生物，对卵菌生活史的各个阶段均有作用，尤其在孢子囊梗及卵孢子的形成阶段防效较好，与苯酰胺类杀菌剂无交互抗性。

【注意事项】

（1）黄瓜和葡萄幼小时，喷液量和药量用低量。

（2）在推广使用前，先在芋头上开展小范围的作物安全性试验。

30. 霜霉威盐酸盐

【毒性】 低毒。

【常用剂型和含量】 66.5%水剂。

【防治对象和使用方法】

66.5%霜霉威盐酸盐水剂（按标签要求使用）

作物	防治对象	用药量（毫升/亩）	施用方式
黄瓜	霜霉病	80～100	喷雾
甜椒	疫病	90～120	喷雾
花椰菜	霜霉病	80～100	喷雾

【使用技术】

在病害发病前或初期施药，隔 7～10 天施用 1 次，每季作物最多使用 3 次。

【安全间隔期】

黄瓜 5 天；甜椒 14 天；花椰菜 10 天。

【产品性能】

本品为低毒内吸性的卵菌纲杀菌剂，有较好的预防保护和治疗效果。

【注意事项】

不能与强碱性物质混用。

31. 戊唑醇

【毒性】 低毒。

【常用剂型和含量】 430 克/升悬浮剂。

【防治对象和使用方法】

430 克/升戊唑醇悬浮剂（按标签要求使用）

作物	防治对象	用药量（克/亩）	施用方式
苦瓜	白粉病	12～18	喷雾
水稻	纹枯病、稻曲病	15～20	喷雾

【使用技术】

（1）防治水稻稻曲病：在水稻破口前 5～7 天第一次用药，7～10 天后再次施药；防治水稻纹枯病：建议在水稻分蘖盛期施药，隔 7 天施药 1 次，共施药 2～3 次。

（2）防治苦瓜白粉病：在病发初期喷雾 2 次，隔 7 天施药 1 次，每季作物最多使用 3 次。

【安全间隔期】

水稻 28 天；苦瓜 5 天。

【产品性能】

本品为内吸性三唑类杀菌剂。

【注意事项】

对鱼类等水生生物、家蚕、赤眼蜂有毒，应远离水产养殖区施药，鱼或蟹套养稻田禁用，施药后的田水不得直接排入水体。

32. 啶酰菌胺

【毒性】 低毒。

【常用剂型和含量】 50%水分散粒剂。

【防治对象和使用方法】

50%啶酰菌胺水分散粒剂（按标签要求使用）

作物	防治对象	用药量（克/亩）/稀释倍数	施用方式
番茄、马铃薯	早疫病	20～30	喷雾
葡萄	灰霉病	500～750（倍液）	喷雾
黄瓜	灰霉病	40～50	喷雾
番茄	灰霉病	30～50	喷雾
草莓	灰霉病	30～45	喷雾

【使用技术】

（1）黄瓜、番茄、草莓、葡萄、马铃薯：发病前或发病初期用药，连续施药3次，间隔7～10天。

（2）每季作物最多使用3次。

【安全间隔期】

黄瓜、番茄2天；马铃薯、葡萄10天。

【产品性能】

本品是新型烟酰胺类杀菌剂，属线粒体呼吸链中琥珀酸辅酶Q还原酶抑制剂，对孢子萌发有很强的抑制作用。

【注意事项】

（1）药剂应现混现兑，配好的药液要立即使用。

（2）不得污染各类水域。

（3）桑园及家蚕养殖区禁用。

33. 双炔酰菌胺

【毒性】 低毒。

【常用剂型和含量】 23.4%悬浮剂。

【防治对象和使用方法】

23.4%双炔酰菌胺悬浮剂（按标签要求使用）

作物	防治对象	用药量（毫升/亩)/稀释倍数	施用方式
番茄	晚疫病	30～40	喷雾
葡萄	霜霉病	1500～2000（倍液）	喷雾
辣椒	疫病	30～40	喷雾
马铃薯	晚疫病	20～40	喷雾
荔枝	霜疫霉病	1000～2000（倍液）	喷雾
西瓜	疫病	30～40	喷雾
小葱	疫病	30～45	喷雾

【使用技术】

（1）防治西瓜疫病、辣椒疫病，于作物谢花后连续使用2～3次，每次隔7～10天。

（2）防治马铃薯晚疫病，于作物谢花后，连续使用2～3次，每次隔7～14天。

（3）防治荔枝霜疫霉病，于荔枝开花前、幼果期、中果期和转色期各使用1次。

（4）防治葡萄霜霉病，于发病初期或作物谢花后，连续使用2～3次，每次隔7～14天。

（5）防治番茄晚疫病，于发病初期或作物谢花后，连续使用2～4次，每次隔7～10天。

【安全间隔期】

西瓜、葡萄、辣椒、马铃薯5天；番茄、小葱7天；荔枝3天。

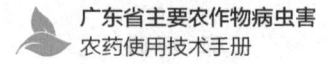

【产品性能】

本品为酰胺类杀菌剂,对由卵菌纲病原菌引起的病害有较好的防效,对处于萌发阶段的孢子具有较高的活性且可抑制菌丝生长和孢子的形成。

【注意事项】

对鱼类等水生生物有毒,水产养殖区、河塘等水体附近禁用。禁止在河塘等水体中清洗施药器具。蚕室和桑园附近禁用。

34. 嘧霉胺

【毒性】 低毒。

【常用剂型和含量】 40%悬浮剂。

【防治对象和使用方法】

40%嘧霉胺悬浮剂(按标签要求使用)

作物	防治对象	用药量(毫升/亩)/稀释倍数	施用方式
番茄	灰霉病	63～94	喷雾
韭菜	灰霉病	50～75	喷雾
葡萄	灰霉病	1000～1500(倍液)	喷雾
黄瓜	灰霉病	78～94	喷雾

【使用技术】

(1)在发病前或发病初期施药,隔7～10天施药1次。

(2)每季番茄、葡萄最多使用3次,每季韭菜最多使用1次,每季黄瓜最多使用2次。

【安全间隔期】

番茄5天;葡萄7天;韭菜14天;黄瓜3天。

【产品性能】

本品为苯胺基嘧啶类杀菌剂,作用机理是抑制病菌侵染酶的产生从而阻止病菌侵染,具内吸传导和熏蒸作用,施药后可达到植株的花、幼果等喷雾无法达到的部位杀死病菌。

【注意事项】

不可与碱性农药等物质混合使用。

35. 腐霉利

【毒性】 低毒。

【常用剂型和含量】 50%可湿性粉剂。

【防治对象和使用方法】

50%腐霉利可湿性粉剂（按标签要求使用）

作物	防治对象	用药量（克/亩）	施用方式
葡萄	灰霉病	75～150	喷雾
黄瓜	灰霉病	50～100	喷雾
番茄	灰霉病	50～100	喷雾

【使用技术】

（1）在发病前或发病初期施药。

（2）每季番茄、葡萄最多使用2次，每季黄瓜最多使用3次。

【安全间隔期】

番茄、葡萄14天；黄瓜1天。

【产品性能】

本品为二甲酰亚胺类杀菌剂，杀菌谱广，持效期长。

【注意事项】

（1）药剂调配后，要尽快喷洒，不宜长时间放置。

（2）不宜和强碱性药剂物质混用。

36. 异菌脲

【毒性】 低毒。

【常用剂型和含量】 50%可湿性粉剂。

【防治对象和使用方法】

50%异菌脲可湿性粉剂（按标签要求使用）

作物	防治对象	用药量	施用方式
番茄	早疫病	50～100 克/亩	喷雾
番茄	灰霉病	50～100 克/亩	喷雾
辣椒	立枯病	2～4 克/平方米	泼浇

【使用技术】

（1）在病害发生初期施药，隔7～10天1次。

（2）辣椒播种后采用泼浇法，对苗床土壤进行处理，施药时药液要均匀，以浇透苗床为宜。

（3）每季番茄最多使用3次。

【安全间隔期】

番茄2天。

【产品性能】

本品是以保护性为主的触杀型杀菌剂，也具有一定的杀菌作用。

【注意事项】

（1）不宜与碱性物质混用。

（2）对鱼类等水生生物有毒，不得污染各类水域，应远离水产养殖区施药。

（3）蚕室及桑园附近禁用。

37. 腈菌唑

【毒性】 低毒。

【常用剂型和含量】 40%可湿性粉剂。

【防治对象和使用方法】

40%腈菌唑可湿性粉剂（按标签要求使用）

作物	防治对象	用药量（克/亩）/稀释倍数	施用方式
黄瓜	白粉病	7.5～10	喷雾
葡萄	炭疽病	4000～6000（倍液）	喷雾
荔枝	炭疽病	4000～6000（倍液）	喷雾
豇豆	锈病	13～20	喷雾

【使用技术】

（1）用药间隔期在多雨季节为10天，天旱少雨可适当延长至15天。

（2）于葡萄发病初期施药，使用1～2次，用药间隔期在多雨季节为10天，天旱少雨可适当延长至15天。

（3）于黄瓜白粉病初期施药，隔10天左右1次，连续2～3次。

（4）于荔枝开花前施药，隔10天左右1次，连续3次。

（5）于豇豆锈病发病初期施药，隔7～10天，连续2～3次。

（6）每季作物最多使用3次。

【安全间隔期】

荔枝7天；豇豆5天；葡萄21天；黄瓜3天。

【产品性能】

本品具有较强内吸传导性，对病害具治疗、铲除和预防作用。

【注意事项】

（1）可于作物幼叶、幼苗、幼果和花期使用，不刺激果面，可套袋。

（2）对鱼类等水生生物有中等毒性，应远离水产养殖区、河塘等水体附近施药。

38. 氯氟醚菌唑

【毒性】 低毒。

【常用剂型和含量】 400克/升悬浮剂。

【防治对象和使用方法】

400 克/升氯氟醚菌唑悬浮剂（按标签要求使用）

作物	防治对象	用药量（毫升/亩）/稀释倍数	施用方式
柑橘	炭疽病	2500～4500（倍液）	喷雾
水稻	稻曲病	15～20	喷雾
番茄	早疫病	15～25	喷雾
芒果	炭疽病	2500～4500（倍液）	喷雾
葡萄	炭疽病	2000～3000（倍液）	喷雾
香蕉	叶斑病	3000～4500（倍液）	喷雾
马铃薯	早疫病	15～25	喷雾
黄瓜	白粉病、靶斑病	15～25	喷雾

【使用技术】

（1）防治水稻稻曲病，在破口前5～7天第一次用药，隔7天左右（约齐穗期）第二次用药。每季作物最多施药2次。

（2）于柑橘炭疽病、番茄早疫病、芒果炭疽病、葡萄炭疽病、马铃薯早疫病发病前或发病初期第一次用药，隔7～14天1次，连续2～3次，每季作物最多施药3次。

（3）于香蕉叶斑病发病前或发病初期第一次用药，隔7～10天1次，视发病情况连续2～3次，每季作物最多施药3次。

（4）于黄瓜白粉病发病前或发病初期第一次用药，隔7～10天1次，视发病情况连续2～3次。于黄瓜靶斑病发病前或发病初期第一次用药，隔7～14天1次，连续3次。每季作物最多施药3次。

【安全间隔期】

水稻21天；柑橘、芒果、马铃薯14天；番茄3天；黄瓜1天；葡萄7天；香蕉21天。

【产品性能】

本品是异丙醇三唑类杀菌剂，具内吸传导性，兼具保护和治疗作用。

【注意事项】

（1）药剂应现配现用。

（2）桑园及蚕室附近禁用。

39. 百菌清

【毒性】 低毒。

【常用剂型和含量】 75%可湿性粉剂。

【防治对象和使用方法】

75%百菌清可湿性粉剂（按标签要求使用）

作物	防治对象	用药量（克/亩）	施用方式
番茄	早疫病	147～267	喷雾
苦瓜	霜霉病	100～200	喷雾

【使用技术】

（1）于发病初期施药。每次施药间隔7～10天，连续施药2～3次。

（2）每季番茄最多使用3次，每季黄瓜最多使用4次。

【安全间隔期】

番茄7天；黄瓜20天。

【产品性能】

本品为有机氯类杀菌剂，主要作用是预防真菌侵染，没有内吸传导作用，但在植物表面有良好的黏着性，不易受雨水冲刷。

【注意事项】

（1）梨、柿、桃、梅和苹果等对本药较敏感，施药时避免药液漂移。

（2）不能与石硫合剂、波尔多液等碱性物质混用。

（3）对鱼类有毒，勿将制剂、包装袋及废液弃于池塘、河溪、湖泊等地。

40. 咯菌腈

【毒性】 低毒。

【常用剂型和含量】 50%可湿性粉剂。

【防治对象和使用方法】

50% 咯菌腈可湿性粉剂（按标签要求使用）

作物	防治对象	用药量	施用方式
韭菜	灰霉病	15～30 克/亩	喷雾
玉米	茎基腐病	50～100 毫升/100 千克种子	种子包衣

【使用技术】

（1）于韭菜灰霉病发生前或刚见零星病斑时开始用药，连续 2 次，施药间隔 7～10 天。每季作物最多施用 2 次。

（2）玉米播种前种子包衣，按推荐用药量，加适量清水，混合均匀调成浆状药液，将药浆与种子充分搅拌，直至药液均匀分布到种子表面，阴干后即可。

【安全间隔期】

韭菜 14 天。

【产品性能】

本品属苯基吡咯类杀菌剂，通过抑制葡萄糖磷酰化有关的转移，抑制病原真菌菌丝体的生长，最终导致病菌死亡。

【注意事项】

（1）请勿将本品与油类或助剂一同使用。

（2）在种子处理过程中，避免药液接触皮肤、眼睛和污染衣物。

（3）蚕室及桑园附近禁用。

41. 氟吗啉

【毒性】 低毒。

【常用剂型和含量】 30%悬浮剂。

【防治对象和使用方法】

30%氟吗啉悬浮剂（按标签要求使用）

作物	防治对象	用药量（毫升/亩）	施用方式
番茄	晚疫病	30～40	喷雾
马铃薯	晚疫病	30～45	喷雾
黄瓜	霜霉病	40～60	喷雾

【使用技术】

（1）于发病初期或始见零星病斑时开始用药，隔7～10天再用药，连续2～3次。

（2）每季作物最多使用3次。

【安全间隔期】

黄瓜3天；马铃薯14天。

【产品性能】

本品为丙烯酰胺类杀菌剂，兼有保护及治疗作用，作用机制是破坏卵菌纲真菌细胞壁的形成。

【注意事项】

勿与碱性药剂等物质混用。

42. 琥胶肥酸铜

【毒性】 低毒。

【常用剂型和含量】 30%可湿性粉剂。

【防治对象和使用方法】

30%琥胶肥酸铜可湿性粉剂（按标签要求使用）

作物	防治对象	用药量（克/亩）	施用方式
黄瓜	角斑病	200～240	喷雾
水稻	稻曲病	83～100	喷雾
辣椒	炭疽病	65～93	喷雾

【使用技术】

（1）在发病前至发病初期施药，用药间隔期 7～10 天。

（2）防治水稻稻曲病于破口前 5～7 天施药。

（3）防治水稻稻曲病每季最多使用 2 次，其他作物每季最多使用 3 次。

【安全间隔期】

黄瓜 2 天；辣椒 7 天。

【产品性能】

本品为有机铜类制剂，作用机理为铜离子与病原菌膜表面上的阳离子交换，使病原菌细胞膜上的蛋白质凝固，同时部分铜离子渗透进入病原菌细胞内与某些酶结合，影响其活性。

【注意事项】

对水生生物毒性较高，不宜在水环境及周边使用。

43. 噁霉灵

【毒性】 低毒。

【常用剂型和含量】 30% 噁霉灵水剂。

【防治对象和使用方法】

30% 噁霉灵水剂（按标签要求使用）

作物	防治对象	用药量（毫升/平方米）/稀释倍数	施用方式
水稻育秧箱	立枯病	3	浇灌
水稻苗床	立枯病	2～6	浇灌
西瓜	枯萎病	600～800（倍液）	灌根

【使用技术】

（1）防治水稻立枯病，应在播种前和移栽前各施药 1 次，共 2 次。

（2）防治西瓜枯萎病，每株灌 50～150 毫升。

（3）每季作物最多使用 3 次。

【安全间隔期】

西瓜 3 天。

【产品性能】

（1）有渗透输导性。

（2）对土壤病原菌能发挥效能，且对植物有促进生育作用。

（3）在土壤中能分解成毒性很低的化合物。

【注意事项】

不可与呈碱性的农药等物质混用。

44. 亚胺唑

【毒性】 低毒。

【常用剂型和含量】 5%可湿性粉剂。

【防治对象和使用方法】

5%亚胺唑可湿性粉剂（按标签要求使用）

作物	防治对象	稀释倍数	施用方式
柑橘	疮痂病	600～900（倍液）	喷雾
梨	黑星病	1000～1163（倍液）	喷雾
葡萄	黑痘病	600～800（倍液）	喷雾
青梅	黑星病	600～800（倍液）	喷雾

【使用技术】

于作物发病前或发病初期用药，隔7～10天再次喷施。每季作物最多施药3次。

【安全间隔期】

梨30天；柑橘、葡萄28天；青梅21天。

【产品性能】

本品是内吸性三唑类杀菌剂，作用机制是抑制病原菌细胞膜上麦角甾醇的合成，对病菌细胞膜有直接破坏作用。本品具保护和治疗双重作用，渗透性、耐雨性强，防效稳定，效果较持久。在推荐剂量下使用，对作物安全，对蚕、蜜蜂和有益昆虫的毒性低。

【注意事项】

（1）不可与酸性和强碱性农药等物质混用。

（2）不宜在鸭梨上使用，以免引起轻微药害（在叶片上出现褐斑）。

45. 克菌丹

【毒性】 低毒。

【常用剂型和含量】 40%悬浮剂。

【防治对象和使用方法】

40%克菌丹悬浮剂（按标签要求使用）

作物	防治对象	用药量（毫升/亩）	施用方式
黄瓜	霜霉病	175～233	喷雾

【使用技术】

于发病前或发病初期第一次施药，隔7～10天1次，连续2～3次。每季最多使用3次。

【安全间隔期】

黄瓜3天。

【产品性能】

（1）广谱性杀菌剂，兼有保护和治疗作用。

（2）在中性和酸性条件下稳定，在高温和碱性条件下易水解。

（3）在水中分散性和悬浮性好、粘着性强、耐雨水冲刷，喷药后在作物表面形成保护膜，阻断病原菌萌发和侵入。

【注意事项】

不能与碱性药剂混用。

46. 蛇床子素

【毒性】 低毒。

【常用剂型和含量】 1%水乳剂。

【防治对象和使用方法】

1%蛇床子素水乳剂（按标签要求使用）

作物	防治对象	用药量	施用方式
西葫芦	白粉病	150～250 毫升/亩	喷雾
豇豆	白粉病	200～250 毫升/亩	喷雾
水稻	立枯病	0.225～0.3 毫升/平方米	喷雾（苗床）

【使用技术】

（1）于西葫芦白粉病发病初期均匀喷雾，间隔7天左右再用药1次，连续施药2次。

（2）于豇豆白粉病发病前或发病初期连续施药3次，间隔7～10天。

（3）在水稻立枯病发病前或发病初期，苗床施药1～2次。

【安全间隔期】

豇豆3天。

【产品性能】

蛇床子素是从中药材蛇床子中提取的杀菌活性物质，属于植物源农药，作用机理为抑制病原菌对葡萄糖和钙的吸收，阻碍病原菌细胞壁中几丁质的沉淀，从而造成菌丝断裂，导致孢子产生、萌发、粘附、入侵及芽管伸长受阻。

【注意事项】

不可与碱性农药和碱性水等呈碱性的物质混合使用。

47. 几丁聚糖

【毒性】 低毒。

【常用剂型和含量】 2%水剂。

【防治对象和使用方法】

2%几丁聚糖水剂（按标签要求使用）

作物	防治对象	用药量（毫升/亩）	施用方式
黄瓜	霜霉病	33～42	喷雾
番茄	晚疫病	100～150	喷雾
番茄	病毒病	80～133	喷雾

【使用技术】

(1) 于黄瓜霜霉病发病前施药,隔 7～14 天 1 次,连续 2～3 次。

(2) 于番茄晚疫病、病毒病发生初期施药,以预防为主。

(3) 每季作物最多使用次数：黄瓜 3 次,番茄 4 次。

【安全间隔期】

黄瓜 3 天;番茄 7 天。

【产品性能】

(1) 诱导植物抗性。

(2) 增强作物抵御低温干旱的能力。

【注意事项】

(1) 最好在下午施用。

(2) 不得与碱性农药等物质混合施用。

48. 多抗霉素

【毒性】 低毒。

【常用剂型和含量】 1% 水剂。

【防治对象和使用方法】

1% 多抗霉素水剂（按标签要求使用）

作物	防治对象	用药量（克/亩）	施用方式
黄瓜	白粉病	500～1000	喷雾

【使用技术】

于黄瓜白粉病发病前或初期施药,每季最多用药 3 次。

【安全间隔期】

黄瓜 2 天。

【产品性能】

本品是广谱性抗生素类杀菌剂,具有较好的内吸传导作用,其作用机制是干扰致病菌细胞壁几丁质的生物合成。

【注意事项】

不能与碱性药剂混用。

49. 蜡质芽孢杆菌

【毒性】 低毒。

【常用剂型和含量】 20亿孢子/克可湿性粉剂。

【防治对象和使用方法】

20亿孢子/克蜡质芽孢杆菌可湿性粉剂（按标签要求使用）

作物	防治对象	用药量（克/亩）/稀释倍数	施用方式
水稻	稻曲病、稻瘟病、纹枯病	150～200	喷雾
茄子	青枯病	100～300（倍液）	灌根

【使用技术】

（1）茄子苗期使用时，兑水100倍沾根种植；生长期使用时，兑水100～300倍灌根。

（2）每个作物周期可使用3次。

【产品性能】

本品是生物农药，通过位点竞争和抗生作用的微生态选择抑制致病菌生长。

【注意事项】

不能与石硫合剂等强碱性药剂混用，以免分解失效。

50. 井冈霉素

【毒性】 低毒。

【常用剂型和含量】 2.4%水剂。

【防治对象和使用方法】

2.4%井冈霉素水剂（按标签要求使用）

作物	防治对象	用药量（毫升/亩）	施用方式
水稻	纹枯病	417～521	喷雾
水稻	稻曲病	250～300	喷雾

【使用技术】

在水稻纹枯病发病初期或病情上升期用药；防治水稻稻曲病在破口期前

5～7天开始用药。隔7～10天用药1次，可连续2～3次。

【安全间隔期】

水稻14天。

【产品性能】

本品是内吸作用很强的农用抗菌素，当水稻病菌的菌丝接触到井冈霉素后，井冈霉素能很快被菌体细胞吸收并在菌体内传导，干扰和抑制菌体细胞的正常生长发育，从而起到抑菌作用。

【注意事项】

（1）不能与碱性物质混用。

（2）施药时保持稻田水深3～6厘米。

51. 春雷霉素

【毒性】 低毒。

【常用剂型和含量】 2%水剂。

【防治对象和使用方法】

2%春雷霉素水剂（按标签要求使用）

作物	防治对象	用药量（毫升/亩）	施用方式
水稻	稻瘟病	80～100	喷雾
番茄	叶霉病	140～175	喷雾
黄瓜	细菌性角斑病	140～175	喷雾

【使用技术】

（1）于番茄叶霉病、黄瓜细菌性角斑病发病初期施药，视病情和天气每隔7天再喷1～2次。

（2）防治水稻稻瘟病：于叶瘟发病初期施药，视病情7天后再喷1次；防治穗颈瘟：在水稻破口期和齐穗期各施药1次。

【安全间隔期】

水稻21天；黄瓜、番茄4天。

【产品性能】

本品属农用抗菌素类杀菌剂，具有较强内吸渗透性，同时具有预防和治疗作用，其治疗作用更为显著。作用机理是干扰病原菌的氨基酸代谢的酯酶系统，破坏蛋白质生物合成，抑制菌丝生长和造成细胞颗粒化，使病原菌失去繁殖和侵染能力，从而达到杀死病原菌防治病害的目的。

【注意事项】

（1）大豆对本品较敏感，施药时避免将药液污染到杉树（特别是苗）、藕及大豆上。

（2）不可与呈碱性的农药等物质混合使用。

52. 中生菌素

【毒性】 微毒。

【常用剂型和含量】 3%可湿性粉剂。

【防治对象和使用方法】

3%中生菌素可湿性粉剂（按标签要求使用）

作物	防治对象	用药量（克/亩）/稀释倍数	施用方式
黄瓜	细菌性角斑病	80～110	喷雾
番茄	青枯病	600～800（倍液）	灌根

【使用技术】

（1）在病害发生前期或初期施用。

（2）每季黄瓜最多使用3次，每季番茄最多使用2次。

【安全间隔期】

黄瓜3天；番茄8天。

【产品性能】

本品为N-糖苷类生物源抗生素，对病原细菌的作用机理为抑制菌体蛋白质合成，导致菌体死亡。

【注意事项】

（1）易吸潮，在使用过程中开过包装的药剂应及时封口保存。

（2）不可与碱性物质混用。

（3）远离水产养殖区施药，开花植物花期禁用。

53. 大蒜素

【毒性】 低毒。

【常用剂型和含量】 5%微乳剂。

【防治对象和使用方法】

5%大蒜素微乳剂（按标签要求使用）

作物	防治对象	用药量（克/亩）/稀释倍数	施用方式
黄瓜	细菌性角斑病	60～80	喷雾
甘薯	黑斑病	200～400（倍液）	浸种薯
甘蓝	软腐病	60～80	喷雾

【使用技术】

（1）防治黄瓜细菌性角斑病、甘蓝软腐病，于发病初期使用，可施药3次。

（2）防治甘薯黑斑病，于甘薯播种前按推荐用药量配制成药液，浸种薯10分钟，晾干后播种。

【产品性能】

本品为植物源杀菌剂，具有杀菌和抑菌功能。本品能对含巯基的化合物发生竞争性抑制，通过对细菌生长繁殖所必需的半胱氨酸分子中巯基的氧化使蛋白质失活，从而抑制病菌的生长和繁殖。

【注意事项】

对鱼类等水生生物和鸟类、蜜蜂有毒，施药期间应避免对周围蜂群的影响，开花作物花期、鸟类保护区附近禁用。远离水产养殖区施药。

54. 嘧啶核苷类抗菌素

【毒性】 低毒。

【常用剂型和含量】 4%水剂。

【防治对象和使用方法】

4%嘧啶核苷类抗菌素水剂（按标签要求使用）

作物	防治对象	用药量（毫升/亩）/稀释倍数	施用方式
水稻	纹枯病	250～300	喷雾
瓜类、葡萄	白粉病	400（倍液）	喷雾
番茄	疫病	400（倍液）	喷雾
大白菜	黑斑病	400（倍液）	喷雾
西瓜	枯萎病	400（倍液）	灌根

【使用技术】

于作物发病初期使用。

【产品性能】

本品为碱性核苷类农用抗生素，抗菌谱广，以预防保护作用为主，兼具有一定治疗作用，杀菌原理是直接阻止植物病原菌蛋白质的合成，导致病原菌死亡。

【注意事项】

不可与碱性农药等物质混用

55. 苯甲·丙环唑

【毒性】 低毒。

【常用剂型和含量】 30%悬浮剂（苯醚甲环唑15%、丙环唑15%）。

【防治对象和使用方法】

30%苯甲·丙环唑悬浮剂（按标签要求使用）

作物	防治对象	用药量（毫升/亩）/稀释倍数	施用方式
水稻	纹枯病	15～25	喷雾
香蕉	叶斑病	1000～2000（倍液）	喷雾

【使用技术】

于发病初期施药，隔7～10天再施1次，可连续用药2次。

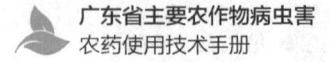

【安全间隔期】

香蕉42天，水稻28天。

【产品性能】

本品为苯醚甲环唑和丙环唑复配的内吸性杀菌剂，具保护和治疗作用。可被根、茎、叶部吸收，并能很快地在植株体内向上传导。杀菌机理是抑制麦角甾醇合成。

【注意事项】

（1）不可与铜制剂或强酸强碱性物质混用。

（2）水产养殖区、河塘等水体附近禁用；赤眼蜂等天敌放飞区域禁用；鱼、虾、蟹套养稻田禁用。施药后的田水不得直接排入水体。

56. 苯甲·嘧菌酯

【毒性】 低毒。

【常用剂型和含量】 32.5%悬浮剂（苯醚甲环唑20%、嘧菌酯12.5%）。

【防治对象和使用方法】

32.5%苯甲·嘧菌酯悬浮剂（按标签要求使用）

作物	防治对象	用药量（毫升/亩）	施用方式
水稻	纹枯病	20～30	喷雾
水稻	稻瘟病	30～40	喷雾

【使用技术】

（1）在水稻纹枯病发病初期或刚见零星病斑时用药，对准水稻植株（重点茎基部）喷雾，若纹枯病发生较重，可适当提高用量，或在药后7～10天再施药1次。水稻稻瘟病可连续施药1～2次，隔7～10天1次。

（2）一季作物最多施用2次。

【安全间隔期】

水稻15天。

【产品性能】

本品为内吸性杀菌剂。

【注意事项】

（1）现配现用。

（2）避免与乳油类农药和助剂混用。

57. 霜脲·锰锌

【毒性】 低毒。

【常用剂型和含量】 72%可湿性粉剂（霜脲氰8%、代森锰锌64%）。

【防治对象和使用方法】

72%霜脲·锰锌可湿性粉剂（按标签要求使用）

作物	防治对象	用药量（克/亩）/稀释倍数	施用方式
番茄	晚疫病	130～180	喷雾
荔枝	霜疫霉病	500～700（倍液）	喷雾
马铃薯	晚疫病	107～150	喷雾
黄瓜	霜霉病	133～167	喷雾

【使用技术】

（1）于黄瓜霜霉病、番茄晚疫病初现或第一批黄瓜采后施药，重点施于作物叶片背面。视病害发生情况，每10天左右施用1次，每季作物最多使用3次。

（2）防治荔枝霜疫霉病：在荔枝花穗长3厘米时施药，始花期、谢花期、变色期及收获前14天各施1次，最多5次。

（3）于马铃薯晚疫病发病初期施药，每次隔7天，共2～3次，依病害发生程度和趋势调整用药剂量和次数，最多3次。

【安全间隔期】

番茄、黄瓜2天；荔枝4天；马铃薯7天。

【产品性能】

本品为霜脲氰和代森锰锌的复配剂，具有保护、治疗、铲除三重功效，速效性强、渗透力大、内吸向顶传导强，施药后2小时即发挥活性。

【注意事项】

（1）遇碱性农药等物质易分解，勿与之混合使用。

(2）对鱼类等水生生物有毒，远离水产养殖区用药，避免药液污染水源地。

58. 精甲霜·锰锌

【毒性】 低毒。

【常用剂型和含量】 68％水分散粒剂（代森锰锌64％、精甲霜灵4％）。

【防治对象和使用方法】

68％精甲霜·锰锌水分散粒剂（按标签要求使用）

作物	防治对象	用药量（克/亩）/稀释倍数	施用方式
番茄	晚疫病	100～120	喷雾
花椰菜	霜霉病	100～130	喷雾
荔枝	霜疫霉病	800～1000（倍液）	喷雾
黄瓜、葡萄	霜霉病	100～120	喷雾
西瓜、辣椒	疫病	100～120	喷雾
马铃薯	晚疫病	100～120	喷雾

【使用技术】

（1）于作物生长早期阶段或发病初期开始施药，蔬菜间隔7～10天，黄瓜、花椰菜一季作物最多施用3次，番茄、辣椒、葡萄一季作物最多施用4次，果树间隔7～14天，荔枝一季作物最多施用4次，马铃薯一季作物最多施用3次。

（2）在连续阴雨或病害压力较大时，使用推荐剂量的较高剂量并适当缩小间隔期。

（3）药液量根据作物生育阶段和种植密度确定，蔬菜一般45～75升/亩；果树一般整株均匀喷雾至开始滴水为止。

【安全间隔期】

香蕉2天；水稻28天；花椰菜3天；荔枝、葡萄、马铃薯、西瓜7天；辣椒、番茄5天；黄瓜4天。

【产品性能】

本品为精甲霜灵与代森锰锌复配的内吸性杀菌剂,具有保护和治疗作用,可被根、茎、叶部吸收,并能很快地在植株体内向上传导。杀菌机理是抑制麦角甾醇的合成,用于防治卵菌纲引起的病害。

【注意事项】

(1) 不可与铜制剂或强酸强碱性物质混用。

(2) 水产养殖区、河塘等水体附近禁用。赤眼蜂等天敌放飞区域禁用。

(3) 鱼或虾、蟹套养稻田禁用,施药后的田水不得直接排入水体。

59. 春雷·王铜

【毒性】 低毒。

【常用剂型和含量】 47%可湿性粉剂(春雷霉素2%、碱性氯化铜45%)。

【防治对象和使用方法】

47%春雷·王铜可湿性粉剂(按标签要求使用)

作物	防治对象	用药量(克/亩)/稀释倍数	施用方式
柑橘	溃疡病	470～750(倍液)	喷雾
番茄	叶霉病	94～125	喷雾
水稻	稻曲病	50～60	喷雾
荔枝	霜疫霉病	600～800(倍液)	喷雾
黄瓜	霜霉病	600～800(倍液)	喷雾
猕猴桃	溃疡病	500～800(倍液)	喷雾
百香果	茎基腐病	500～750(倍液)	喷淋

【使用技术】

(1) 黄瓜、番茄:发病初期施药,隔7～10天再施1～2次。不要在黄瓜幼苗期和高温时期喷药。

(2) 柑橘:发病初期施药,隔4周喷1次,共3～4次,根据降雨情况

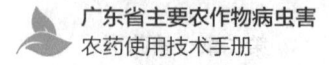

和病害发生规律增减喷药次数。

（3）荔枝：在荔枝小果期时喷第一次药，隔 7 ～ 10 天再施 1 次，喷药以喷湿叶面、果实湿润为度。施药次数和用药量视荔枝生育期、病害发生程度及天气情况而定，最多施药 3 次。

（4）水稻稻曲病：于水稻孕穗末期（破口前 5 ～ 7 天）施药，齐穗期再喷 1 次。

（5）防治百香果茎基腐病：在百香果移栽培土后，发病前或发病初期施药，可施药 3 次，隔 10 天左右，喷淋用水量 100 ～ 150 毫升/株。

（6）防治猕猴桃溃疡病：第一次在摘果后，入冬前施药，第二次在立春后至萌芽前全株施药，共施药 2 次。

【安全间隔期】

黄瓜、番茄 4 天；荔枝 7 天；柑橘 21 天；水稻 28 天。百香果移栽培土后施药，至收获时安全。

【产品性能】

本品是春雷霉素和碱性氯化铜两种药剂混配的杀菌剂。碱性氯化铜为无机铜保护性杀菌剂，在作物表面形成一层保护膜，在一定湿度条件下释放出铜离子，起杀菌防病作用；春雷霉素则内吸渗透到作物体内杀死已侵入的病原菌，起治疗作用。

【注意事项】

（1）部分柑橘品种在夏季高温期（35℃以上）使用高浓度药液时易引起轻微药害。

（2）不要把药液喷到杉树（特别是幼苗）、核果类、藕、白菜和大豆上。

（3）不要在黄瓜幼苗期和高温时期喷药。

（4）鱼或虾、蟹套养稻田禁用；施药后的田水不得直接排入水体。

60. 唑醚·代森联

【毒性】 低毒。

【常用剂型和含量】 60% 水分散粒剂（吡唑醚菌酯 5%、代森联 55%）。

【防治对象和使用方法】

60%唑醚·代森联水分散粒剂（按标签要求使用）

作物	防治对象	用药量（克/亩）/稀释倍数	施用方式
葡萄	霜霉病	1000～2000（倍液）	喷雾
马铃薯	晚疫病	40～60	喷雾
花生	叶斑病	60～100	喷雾
柑橘	疮痂病	1000～1500（倍液）	喷雾
黄瓜	霜霉病	40～60	喷雾
芥蓝	霜霉病	50～60	喷雾

【使用技术】

（1）于作物发病前或初期用药。在黄瓜上，间隔7～10天用药1次。在柑橘上，发病轻或作为预防处理时使用低剂量，发病重或作为治疗处理时使用高剂量。遇降雨时，雨后应及时补喷。

（2）每季葡萄、花生、芥蓝、柑橘最多使用3次，每季马铃薯、黄瓜最多使用4次。

【安全间隔期】

葡萄、马铃薯、芥蓝7天；花生14天；柑橘21天；黄瓜2天。

【产品性能】

本品为吡唑醚菌酯和代森联的混配杀菌剂，早期使用可阻止病菌侵入并提高植物体免疫能力，减少植物发病次数和用药次数。具较宽杀菌谱和较高杀菌活性，有阻止病菌侵入、防止病菌扩散和清除体内病菌等作用。

【注意事项】

（1）本品对鱼类等水生生物、蜜蜂、家蚕有毒，开花植物花期、蚕室及桑园附近禁用。

（2）远离水产养殖区、河塘等水体附近施药。

（3）现配现用，配置好的药液及时使用。

61. 烯酰·咪鲜胺

【毒性】 低毒。

【常用剂型和含量】 30%悬浮剂（烯酰吗啉15%、咪鲜胺15%）。

【防治对象和使用方法】

30%烯酰·咪鲜胺悬浮剂（按标签要求使用）

作物	防治对象	用药量（毫升/亩）/稀释倍数	施用方式
荔枝	霜疫霉病	600～800（倍液）	喷雾
烟草	黑胫病	75～90	喷雾

【使用技术】

于荔枝始花期、坐果期、中果期各施药1次，每季最多使用3次。

【安全间隔期】

荔枝14天。

【产品性能】

本品由烯酰吗啉与咪鲜胺复配而成。烯酰吗啉是一种新型内吸治疗性专用低毒杀菌剂，作用机制是破坏病菌细胞壁膜的形成，引起孢子壁的分解，而使病菌死亡。咪鲜胺属咪唑类杀菌剂，对子囊菌和一些半知菌有较好的生物活性。

【注意事项】

（1）本品不可与强酸、碱性农药等物质混合使用。

（2）本品对藻类高毒，对鱼类、水蚤、家蚕中毒，对鸟类、蜜蜂、蚯蚓低毒，对天敌赤眼蜂有中等风险。

62. 唑醚·锰锌

【毒性】 低毒。

【常用剂型和含量】 60%可湿性粉剂（吡唑醚菌酯5%、代森锰锌55%）。

【防治对象和使用方法】

60%唑醚·锰锌可湿性粉剂（按标签要求使用）

作物	防治对象	稀释倍数	施用方式
柑橘	炭疽病	500～1000（倍液）	喷雾

【使用技术】

（1）于病害发生前或初期用药，根据天气情况和病害发生程度，隔7～10天用药1次。

（2）发病轻或作预防处理时使用低剂量；发病重或作为治疗处理时使用高剂量。

（3）每季作物最多使用3次

【安全间隔期】

柑橘14天。

【产品性能】

本品为吡唑醚菌酯和代森锰锌的混配杀菌剂，具保护、治疗和叶片渗透传导作用。早期使用可阻止病菌侵入并提高植物体免疫能力，减少植物发病次数和用药次数。

【注意事项】

水产养殖区、河塘等水体附近禁用；鸟类保护区附近禁用；蚕室及桑园附近禁用。

63. 苯并烯氟菌唑·嘧菌酯

【毒性】 低毒。

【常用剂型和含量】 45%水分散粒剂（嘧菌酯30%、苯并烯氟菌唑15%）。

【防治对象和使用方法】

45%苯并烯氟菌唑·嘧菌酯水分散粒剂（按标签要求使用）

作物	防治对象	用药量（克/亩）	施用方式
花生	锈病	17～23	喷雾

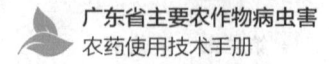

【使用技术】

于发病前或者发病初期用药，隔7～10天1次，每季作物最多施用2次。

【安全间隔期】

花生4天。

【产品性能】

本品由两种作用机理不同的杀菌剂混配而成。苯并烯氟菌唑为吡唑羧酰胺类杀菌剂，属于琥珀酸脱氢酶抑制剂类。嘧菌酯属于甲氧基丙烯酸酯类杀菌剂，属于苯醌外部抑制剂。两者混配，提高了药效，扩大了杀菌谱，延缓了抗性的产生。

【注意事项】

避免与乳油类农药和有机硅类助剂混用，以免发生药害。

64. 丙环·嘧菌酯

【毒性】 低毒。

【常用剂型和含量】 32%悬浮剂（嘧菌酯20%、丙环唑12%）。

【防治对象和使用方法】

32%丙环·嘧菌酯悬浮剂（按标签要求使用）

作物	防治对象	用药量（毫升/亩）	施用方式
水稻	纹枯病	35～45	喷雾
玉米	大斑病	31～44	喷雾

【使用技术】

于病害初发期施药，玉米隔7～10天再施药，全生育期1～2次。

【安全间隔期】

水稻28天；玉米14天。

【产品性能】

本品是内吸性杀菌剂，由两种作用机理不同的活性成分混配而成，具保护和治疗双重功效。药剂经植株吸收可迅速向上传导分布。

【注意事项】

(1) 本品不可与碱性农药及铜制剂混用。

(2) 对鱼及水生生物有毒,避免影响鱼类和污染水源。水产养殖区、河塘等水体附近禁用。赤眼蜂等天敌放飞区域禁用。

65. 肟菌·戊唑醇

【毒性】 微毒。

【常用剂型和含量】 75%水分散粒剂(戊唑醇50%、肟菌酯25%)。

【防治对象和使用方法】

75%肟菌·戊唑醇水分散粒剂(按标签要求使用)

作物	防治对象	用药量	施用方式
水稻	纹枯病	10～15克/亩	喷雾
水稻	稻曲病	13～15毫升/亩	喷雾
黄瓜	白粉病	10～20克/亩	喷雾

【使用技术】

(1) 于病害发病前或发病初期对植物均匀喷雾。隔7～10天施用1次。

(2) 每季水稻最多施药2次,每季黄瓜最多施用3次。

【安全间隔期】

水稻28天;黄瓜3天。

【产品性能】

本品由肟菌酯和戊唑醇混配而成,可通过植物叶片和根系吸收在体内传导,杀菌活性高、内吸性较强、持效期较长。

【注意事项】

对鱼类等水生生物有毒。

66. 啶氧·丙环唑

【毒性】 中等毒。

【常用剂型和含量】 30%悬浮剂(啶氧菌酯10%、丙环唑20%)。

【防治对象和使用方法】

30% 啶氧·丙环唑悬浮剂（按标签要求使用）

作物	防治对象	用药量（毫升/亩）/稀释倍数	施用方式
水稻	稻曲病	30～38	喷雾
香蕉	叶斑病	1200～1400（倍液）	喷雾

【使用技术】

（1）于水稻稻曲病发病前或发病初期，水稻破口前 5～7 天施药，可施药 2 次，每次施药隔 10 天左右。

（2）于香蕉叶斑病发病前或初期施药，可隔 10～15 天再施药，每季最多使用 3 次。

【安全间隔期】

水稻 21 天；香蕉 42 天。

【产品性能】

本品为甲氧基丙烯酸酯类杀菌剂和三唑类杀菌剂的混剂，具保护和治疗作用，杀菌谱广、活性高；具有渗透、内吸和扩散分布能力，在植物中的重新分布既能保护已有叶片，也能保护新生组织，耐雨水冲刷；能够促进作物健康，具有提高作物抗逆能力和显著增加作物叶绿素含量等特点。

【注意事项】

（1）本品对鱼、大型蚤、藻类等水生生物毒性较高，应避免药液流入湖泊、河流或鱼塘中。清洗喷药器械或弃置废料时，切忌污染水源。

（2）蚕室及桑园附近禁用。

67. 氟菌·霜霉威

【毒性】 低毒。

【常用剂型和含量】 687.5 克/升悬浮剂（氟吡菌胺 62.5 克/升、霜霉威盐酸盐 625 克/升）。

【防治对象和使用方法】

687.5 克/升氟菌·霜霉威悬浮剂（按标签要求使用）

作物	防治对象	用药量（毫升/亩）	施用方式
甜瓜	霜霉病	60～80	喷雾
马铃薯	晚疫病	75～100	喷雾
大白菜	霜霉病	60～75	喷雾
黄瓜	霜霉病	60～75	喷雾
番茄	晚疫病	60～75	喷雾
辣椒	疫病	60～75	喷雾
芋头	疫病	75～100	喷雾
西瓜	疫病	60～75	喷雾

【使用技术】

（1）于病害发生初期使用，预计病害重发生时，使用高剂量，隔 7～10 天施用 1 次。

（2）每季作物最多使用 3 次。

【安全间隔期】

黄瓜 2 天；番茄、辣椒 3 天；大白菜 5 天；甜瓜、马铃薯、西瓜 7 天。

【产品性能】

本品是氟吡菌胺和霜霉威盐酸盐复配而成的内吸性杀菌剂，具保护和治疗作用。

【注意事项】

（1）对鱼有毒，远离水产养殖区施药。

（2）蚕室及桑园附近禁用。

68. 氟菌·肟菌酯

【毒性】 低毒。

【常用剂型和含量】 43%悬浮剂（氟吡菌酰胺 21.5%、肟菌酯 21.5%）。

【防治对象和使用方法】

43%氟菌·肟菌酯悬浮剂（按标签要求使用）

作物	防治对象	用药量（毫升/亩）/稀释倍数	施用方式
茄子	白粉病	20～30	喷雾
辣椒	炭疽病	20～30	喷雾
荔枝	炭疽病	1500～2000（倍液）	喷雾
马铃薯	早疫病	15～30	喷雾
桃	褐腐病	1500～3000（倍液）	喷雾
樱桃	褐腐病	1500～3000（倍液）	喷雾
猕猴桃	褐斑病	1500～2000（倍液）	喷雾
豇豆	炭疽病	20～30	喷雾
草莓	白粉病	15～30	喷雾
草莓	灰霉病	20～30	喷雾
黄瓜	白粉病	5～10	喷雾
黄瓜	炭疽病、靶斑病	15～25	喷雾
苦瓜、甜瓜	白粉病	20～30	喷雾
西瓜	蔓枯病	15～25	喷雾
芒果	炭疽病	1000～2000（倍液）	喷雾
番茄	灰霉病	30～45	喷雾
番茄	早疫病	15～25	喷雾
番茄	叶霉病	20～30	喷雾
葡萄	白腐病	3000～4000（倍液）	喷雾
葡萄	灰霉病、黑痘病	2000～4000（倍液）	喷雾

【使用技术】

（1）于病害发生前或发生初期使用，灰霉病在花期开始喷雾处理效果最佳。

（2）蔬菜、瓜类、中药材等：每隔7～10天施用1次。

（3）果树：每隔10～15天施用1次。

（4）预计病害重发生时，用高剂量。

（5）在黄瓜、番茄、辣椒、西瓜、草莓、葡萄、苦瓜、樱桃、荔枝、豇豆、猕猴桃、甜瓜、茄子和桃上，每季最多使用2次；在芒果和马铃薯上，每季最多使用3次。

【安全间隔期】

黄瓜、豇豆和茄子3天；番茄、辣椒、苦瓜、甜瓜、草莓5天；西瓜、马铃薯7天；葡萄、猕猴桃、荔枝、芒果、桃14天。

【产品性能】

本品为内吸性杀菌剂，由吡啶乙基苯酰胺类杀菌剂氟吡菌酰胺和甲氧基丙烯酸酯类杀菌剂肟菌酯复配而成，具保护作用和一定的治疗作用。

【注意事项】

（1）对水生生物有极高毒性风险，严禁污染各类水域、土壤等环境。水产养殖区、河塘等水体附近禁用。

（2）鸟类保护区禁用。

（3）如施药田地紧邻桑树园，则该桑树园最外围一行桑树的叶子不可使用。

69. 氟菌·戊唑醇

【毒性】 低毒。

【常用剂型和含量】 35%悬浮剂（氟吡菌酰胺17.5%、戊唑醇17.5%）。

【防治对象和使用方法】

35%氟菌·戊唑醇悬浮剂（按标签要求使用）

作物	防治对象	用药量（毫升/亩）/稀释倍数	施用方式
柑橘	树脂病、黑斑病	2000～4000（倍液）	喷雾
西瓜	蔓枯病	25～30	喷雾
香蕉	叶斑病、黑星病	2000～3200（倍液）	喷雾
梨	黑斑病、褐腐病	2000～3000（倍液）	喷雾
黄瓜	靶斑病	20～25	喷雾
番茄	早疫病	25～30	喷雾
番茄	叶霉病	30～40	喷雾
黄瓜	炭疽病	25～30	喷雾
黄瓜	白粉病	5～10	喷雾

【使用技术】

（1）于病害发生初期进行喷雾，蔬菜每隔 7～10 天施用 1 次，果树每隔 10～15 天施用 1 次。

（2）在黄瓜、番茄和西瓜上，每季最多施用 2 次；在香蕉、梨和柑橘上，每季最多施用 3 次。

【安全间隔期】

黄瓜 3 天；番茄 5 天；西瓜 7 天；香蕉 45 天；梨 14 天；柑橘 21 天。

【产品性能】

本品为内吸性杀菌剂，由吡啶乙基苯酰胺类杀菌剂氟吡菌酰胺和三唑类杀菌剂戊唑醇复配而成，具保护作用和一定的治疗作用。

【注意事项】

对部分水生生物有毒，严禁在水产养殖区、河塘、沟渠、湖泊等水体附近使用，严禁在河塘等水体中清洗施药器具。

70. 噻呋·吡唑酯

【毒性】 微毒。

【常用剂型和含量】 20% 悬浮剂（吡唑醚菌酯 10%、噻呋酰胺 10%）。

【防治对象和使用方法】

20% 噻呋·吡唑酯悬浮剂（按标签要求使用）

作物	防治对象	用药量（毫升/亩）	施用方式
豇豆	锈病	40～50	喷雾

【使用技术】

于豇豆锈病发病初期用药，每隔 7～10 天施药 1 次，可连续用药 2～3 次。

【安全间隔期】

豇豆 3 天。

【产品性能】

本品由甲氧基丙烯酸酯类杀菌剂和琥珀酸脱氢酶抑制剂类杀菌剂复配而成,两者作用机理不同,具显著增效作用,并可有效延缓病原菌抗药性产生。具有良好内吸性和渗透性,可迅速被植物吸收,并在内部传导,具较好预防和治疗活性。

【注意事项】

(1) 本品不可与碱性农药等物质混用。

(2) 对鱼类、水蚤等水生生物有毒,水产养殖区、河塘等水体附近禁用。

(3) 对桑树风险较高,桑园及蚕室附近禁用。

71. 咪锰·三环唑

【毒性】 低毒。

【常用剂型和含量】 28%可湿性粉剂(咪鲜胺锰盐14%、三环唑14%)。

【防治对象和使用方法】

28%咪锰·三环唑可湿性粉剂(按标签要求使用)

作物	防治对象	用药量(克/亩)	施用方式
菜苔	炭疽病	50～63	喷雾

【使用技术】

(1) 于发病初期用药,连续施药2～3次,每次隔7天左右。

(2) 每季作物最多使用3次。

【安全间隔期】

菜苔4天。

【产品性能】

本品为保护性杀菌剂,对由真菌引起的菜苔炭疽病具有较高的预防和治疗效果,对子囊菌引起的作物病害有特效,是防治蔬菜等作物炭疽病等病害的药剂。

【注意事项】

（1）不宜与碱性农药及含铜制剂混用。

（2）对鱼有毒，避免污染鱼塘、河道、水沟。

72. 精甲·百菌清

【毒性】 低毒。

【常用剂型和含量】 440 克/升悬浮剂（百菌清 400 克/升、精甲霜灵 40 克/升）。

【防治对象和使用方法】

440 克/升精甲·百菌清悬浮剂（按标签要求使用）

作物	防治对象	用药量（毫升/亩）	施用方式
番茄	晚疫病	97.5～120	喷雾
西瓜	疫病	100～150	喷雾
辣椒	疫病	97.5～120	喷雾
黄瓜	霜霉病	90～150	喷雾

【使用技术】

（1）在作物生长早期使用，保护持续生长的新生组织和叶片。

（2）于病害发生前或发病初期使用，连续用药 2～3 次，每次间隔 7～10 天。

（3）一季作物最多使用 3 次。

【安全间隔期】

黄瓜 2 天；番茄 3 天；西瓜 7 天。

【产品性能】

本品是兼具保护性和治疗性的内吸性杀菌剂。

【注意事项】

建议与其他作用机理的药剂轮换使用。

73. 噁酮·霜脲氰

【毒性】 低毒。

【常用剂型和含量】 52.5%水分散粒剂（霜脲氰30%、噁唑菌酮22.5%）。

【防治对象和使用方法】

52.5%噁酮·霜脲氰水分散粒剂（按标签要求使用）

作物	防治对象	用药量（克/亩）	施用方式
黄瓜	霜霉病	28~36	喷雾
马铃薯	晚疫病	20~40	喷雾

【使用技术】

（1）于病症初现时或第一批黄瓜采收后施第一次药，隔7~9天再施1次。

（2）马铃薯病症初现时开始用药，隔7~10天施用1次。

（3）每季作物最多施用3次。

【安全间隔期】

黄瓜3天；马铃薯14天。

【产品性能】

本品是由噁唑菌酮与霜脲氰混配而成的复合杀菌剂。噁唑菌酮内吸性较强，具保护、治疗作用；霜脲氰有局部内吸作用，具杀菌和保护的双重作用。具有耐雨水冲刷的特点，适合于雨季施药。

【注意事项】

不可与强碱性物质混合使用。

74. 戊唑·嘧菌酯

【毒性】 低毒。

【常用剂型和含量】 75%水分散粒剂（嘧菌酯25%、戊唑醇50%）。

【防治对象和使用方法】

75%戊唑·嘧菌酯水分散粒剂（按标签要求使用）

作物	防治对象	用药量（克/亩）/稀释倍数	施用方式
大蒜	锈病	10～15	喷雾
姜	炭疽病	10～15	喷雾
水稻	稻曲病、稻瘟病、纹枯病	10～15	喷雾
萝卜	炭疽病	10～15	喷雾
葡萄	白腐病	3000～5000（倍液）	喷雾
葱	锈病	10～15	喷雾
豇豆	锈病	10～15	喷雾
辣椒	炭疽病	10～15	喷雾
香蕉	叶斑病	1500～2000（倍液）	喷雾
马铃薯	早疫病	10～15	喷雾

【使用技术】

（1）防治水稻纹枯病，在水稻分蘖末期、拔节期至孕穗期，于病害发生前或初见零星病斑时喷雾1～2次，隔7～10天，喷施稻株中下部。防治水稻稻瘟病，视病害情况，在水稻孕穗末期到抽穗期始第一次施药，隔7～10天施第二次药。防治水稻稻曲病，在分蘖末期到孕穗末期施药，隔7～10天施第二次药，第一次用药关键期为水稻破口前5～7天。每季最多使用3次。

（2）于香蕉叶斑病发生前或初见零星病斑时喷雾1～2次，每次施药隔7～10天。每季最多使用3次。

（3）于辣椒炭疽病、葡萄白腐病、马铃薯早疫病发生前或初见零星病斑时喷雾2～3次，每次隔7～10天。每季最多使用3次。

（4）于豇豆锈病，姜炭疽病，葱、大蒜锈病，萝卜炭疽病发生前或初见零星病斑时喷雾1～2次，每次间隔7～10天。每季最多使用2次。

【安全间隔期】

水稻20天；香蕉42天；辣椒5天；葡萄、马铃薯10天；葱、大蒜、萝卜、姜14天；豇豆7天。

【产品性能】

本品是由甲氧基丙烯酸酯类杀菌剂与三唑类杀菌剂复配而成，对作物具有保护、治疗、免疫及增产作用，杀菌活性高、内吸性强、持效期长。

【注意事项】

（1）对鱼等水生生物有毒，远离水产养殖区、河塘等水体施药，鱼或虾蟹套养稻田禁用，施药后的田水不得直接排入水体。

（2）避免与乳油类农药、有机硅助剂混用。

75．噻呋酰胺·噻霉酮

【毒性】 低毒。

【常用剂型和含量】 27%悬浮剂（噻霉酮3%、噻呋酰胺24%）。

【防治对象和使用方法】

27%噻呋酰胺·噻霉酮悬浮剂（按标签要求使用）

作物	防治对象	用药量（毫升/亩）	施用方式
芹菜	立枯病	10～20	喷雾

【使用技术】

（1）于芹菜立枯病发生前或发病初期施药，隔7天左右施药1次。

（2）每季作物最多使用3次。

【安全间隔期】

芹菜5天。

【产品性能】

本品的噻呋酰胺属第二代琥珀酸脱氢酶抑制剂，通过抑制病菌三羧酸循环中琥珀酸去氢酶的浮性而导致菌体死亡；噻霉酮是内吸性杀菌剂，对细菌性和真菌性病害均具有预防和治疗作用。

【注意事项】

不可与碱性农药和肥料物质混合施用。

76．氟噻唑·双炔酰

【毒性】 微毒。

【常用剂型和含量】 280克/升悬浮剂（氟噻唑吡乙酮30克/升、双炔酰菌胺 250 克/升）。

【防治对象和使用方法】

280 克/升氟噻唑·双炔酰悬浮剂（按标签要求使用）

作物	防治对象	用药量（毫升/亩）/稀释倍数	施用方式
番茄	晚疫病	35～40	喷雾
荔枝	霜疫霉病	2000～2500（倍液）	喷雾
葡萄	霜霉病	1500～2500（倍液）	喷雾
西瓜	疫病	30～40	喷雾
辣椒	疫病	35～40	喷雾

【使用技术】

（1）于发病前或初见零星病斑时用药。

（2）防治西瓜疫病、番茄晚疫病、辣椒疫病，推荐使用 2～3 次，每次间隔 7～10 天。每季作物最多使用 3 次。

（3）防治葡萄霜霉病、荔枝树霜疫霉病，推荐使用 2 次，每次间隔 7～10 天。每季作物最多使用 2 次。

【安全间隔期】

西瓜、荔枝 7 天；番茄 5 天；辣椒、葡萄 10 天。

【产品性能】

本品由两种不同作用机理的杀菌剂混配而成。氟噻唑吡乙酮通过对氧化固醇结合蛋白的抑制达到杀菌效果，对多种卵菌纲病害有防效。双炔酰菌胺属于扁桃酰胺类杀菌剂，对绝大多数由卵菌纲引起的叶部和果实病害有防效。

【注意事项】

（1）不推荐在苗床使用。

（2）同一田块的同一靶标，每年使用不超过 6 次。

77. 烯酰·唑嘧菌

【毒性】 低毒。

【常用剂型和含量】 47%悬浮剂（烯酰吗啉 20%、唑嘧菌胺 27%）。

【防治对象和使用方法】

47%烯酰·唑嘧菌悬浮剂（按标签要求使用）

作物	防治对象	用药量（毫升/亩）/稀释倍数	施用方式
番茄	晚疫病	40～60	喷雾
荔枝	霜疫霉病	1000～2000（倍液）	喷雾
葡萄	霜霉病	1000～2000（倍液）	喷雾
辣椒	疫病	60～80	喷雾
马铃薯	晚疫病	50～60	喷雾
黄瓜	霜霉病	40～60	喷雾

【使用技术】

（1）发病前用药，每季作物施药2～3次，每次施药间隔期7天。

（2）荔枝：发病前或发病初期第一次用药，花穗期、幼果期或成熟期前各用1次药。

【安全间隔期】

马铃薯、黄瓜、葡萄、番茄、辣椒7天；荔枝14天。

【产品性能】

本品为唑嘧菌胺和烯酰吗啉的混配剂，其中唑嘧菌胺为线粒体呼吸抑制剂，具有较高杀菌活性，早期使用可阻止病菌侵入。

【注意事项】

药剂应现配现兑。

78. 氯氟醚·吡唑酯

【毒性】 低毒。

【常用剂型和含量】 400克/升悬浮剂（吡唑醚菌酯200克/升、氯氟醚菌唑200克/升）。

【防治对象和使用方法】

400 克/升氯氟醚·吡唑酯悬浮剂（按标签要求使用）

作物	防治对象	用药量（毫升/亩)/稀释倍数	施用方式
马铃薯	早疫病	20～40	喷雾
黄瓜	白粉病、靶斑病	25～40	喷雾
番茄	早疫病	20～40	喷雾
柑橘	炭疽病	2500～3500（倍液）	喷雾
火龙果	炭疽病	1500～3000（倍液）	喷雾
芒果	炭疽病	2500～3500（倍液）	喷雾
荔枝	炭疽病	1500～3000（倍液）	喷雾
葡萄	炭疽病	1500～2500（倍液）	喷雾
西瓜	白粉病	25～40	喷雾
香蕉	叶斑病	2000～4000（倍液）	喷雾
桃	褐腐病	1500～3000（倍液）	喷雾

【使用技术】

（1）发病前或发病初期第一次用药。

（2）黄瓜白粉病、西瓜白粉病、马铃薯早疫病、葡萄炭疽病、香蕉叶斑病间隔7～10天用药1次，黄瓜靶斑病、柑橘炭疽病、芒果炭疽病，发病前或发病初期第一次用药，隔7～14天1次，连续2～3次。

（3）每季作物最多施药3次

【安全间隔期】

番茄5天；黄瓜3天；西瓜、葡萄7天；马铃薯、柑橘14天；香蕉21天。

【产品性能】

本品的氯氟醚菌唑是异丙醇三唑类杀菌剂，具较好内吸传导性，兼具保护和治疗作用；吡唑醚菌酯是甲氧基丙烯酸酯类杀菌剂，施药后在叶片上形成药膜，与蜡质层紧密粘连，穿透到叶片中并在叶肉组织内扩散，具预防和早期治疗作用。

【注意事项】

(1) 药剂应现用现配。

(2) 对皮肤有刺激性、致敏性,对眼睛有刺激性。

(3) 蚕室和桑园附近禁用。对鱼、大型蚤有毒,避免药液流入湖泊、河流或鱼塘。

79. 氟酰羟·苯甲唑

【毒性】 低毒。

【常用剂型和含量】 200 克/升悬浮剂(氟唑菌酰羟胺 75 克/升、苯醚甲环唑 125 克/升)。

【防治对象和使用方法】

200 克/升氟酰羟·苯甲唑悬浮剂(按标签要求使用)

作物	防治对象	用药量(毫升/亩)/稀释倍数	施用方式
柑橘	疮痂病	1700～2500(倍液)	喷雾
桃	疮痂病	1500～2000(倍液)	喷雾
梨	黑星病	2500～3500(倍液)	喷雾
猕猴桃	褐斑病	750～1500(倍液)	喷雾
番茄	叶霉病	40～60	喷雾
番茄	灰叶斑病	30～50	喷雾
芒果	白粉病	1500～2500(倍液)	喷雾
花生	叶斑病	30～50	喷雾
葡萄	白粉病	1000～2000(倍液)	喷雾
西瓜	白粉病	40～50	喷雾
西瓜	蔓枯病	60～80	喷雾
豇豆	褐斑病	30～60	喷雾
香蕉	叶斑病、黑星病	750～1500(倍液)	喷雾

续上表

作物	防治对象	用药量（毫升/亩）/稀释倍数	施用方式
马铃薯	早疫病	20～40	喷雾
黄瓜	白粉病	40～50	喷雾
黄瓜	靶斑病	30～50	喷雾

【使用技术】

（1）于发病前或刚见零星病斑时开始用药。

（2）防治番茄灰叶斑病和叶霉病、黄瓜靶斑病和白粉病、西瓜白粉病和蔓枯病、香蕉黑星病和叶斑病、芒果白粉病、葡萄白粉病、豇豆褐斑病，连续施药2次，每次间隔7～10天。

（3）防治柑橘疮痂病、猕猴桃褐斑病、花生叶斑病，连续施药2次，每次间隔7～14天。

（4）每季作物最多使用3次。

【安全间隔期】

番茄5天；马铃薯7天；葡萄35天；桃、花生21天。

【产品性能】

本品的氟唑菌酰羟胺为吡唑羧酰胺类杀菌剂，苯醚甲环唑为三唑类杀菌剂，两者复配对防治对象有较好防效。本药剂能与蜡质层较好地结合，耐雨水冲刷，持效期长。

【注意事项】

（1）氟唑菌酰羟胺为中－高等抗性风险药剂，应严格控制同类药剂的施药次数。

（2）避免与具有强氧化性物质接触和混合。

80. 吡萘·嘧菌酯

【毒性】 低毒。

【常用剂型和含量】 29%悬浮剂（嘧菌酯17.8%、吡唑萘菌胺11.2%）。

【防治对象和使用方法】

29%吡萘·嘧菌酯悬浮剂（按标签要求使用）

作物	防治对象	用药量（毫升/亩）/稀释倍数	施用方式
火龙果	溃疡病	1000～2000（倍液）	喷雾
芒果	白粉病	2500～3500（倍液）	喷雾
西瓜	白粉病	30～60	喷雾
豇豆	锈病	45～60	喷雾
花椒	锈病	2500～3500（倍液）	喷雾
黄瓜	白粉病	30～50	喷雾

【使用技术】

（1）防治黄瓜白粉病、西瓜白粉病、豇豆锈病，隔7～10天施药1次；火龙果溃疡病间，隔10～14天施药1次。每季最多使用3次。

（2）防治芒果白粉病、花椒锈病，间隔10～14天施药1次，每季最多使用2次。

（3）在芒果、火龙果上推广使用，不同品种的作物须先进行小范围不同浓度的安全性验证试验。

【安全间隔期】

黄瓜、豇豆3天；西瓜、芒果、火龙果14天。

【产品性能】

本品由两种作用机理不同的杀菌剂混配而成，吡唑萘菌胺为吡唑羧酰胺类杀菌剂，嘧菌酯属于甲氧基丙烯酸酯类杀菌剂。

【注意事项】

蚕室及桑园附近禁止使用。

81. 苯甲·氟酰胺

【毒性】 低毒。

【常用剂型和含量】 12%悬浮剂（氟唑菌酰胺7%、苯醚甲环唑5%）。

【防治对象和使用方法】

12%苯甲·氟酰胺悬浮剂（按标签要求使用）

作物	防治对象	用药量（毫升/亩）/稀释倍数	施用方式
柑橘	疮痂病	1000～1500（倍液）	喷雾
梨	黑星病	1330～2400（倍液）	喷雾
番茄	叶斑病、叶霉病	40～67	喷雾
番茄	早疫病	56～70	喷雾
芒果	白粉病	1000～1500（倍液）	喷雾
菜豆	锈病	40～67	喷雾
葡萄	穗轴褐枯病	1000～2000（倍液）	喷雾
西瓜	叶枯病、蔓枯病	40～67	喷雾
辣椒	白粉病	40～67	喷雾
黄瓜	白粉病	56～70	喷雾
黄瓜	靶斑病	53～67	喷雾

【使用技术】

（1）于黄瓜、番茄发病初期用药，间隔7～14天，连续2次，每季最多使用2次。

（2）于梨树发病初期用药，间隔10～14天，连续2次，每季最多使用2次。

（3）于西瓜发病前或发病初期用药，间隔7～10天，连续2～3次，每季最多使用3次。

（4）于菜豆、辣椒发病初期用药，间隔10～14天，连续2次，每季最多使用2次。

（5）于葡萄花序展露期或发病前用药，间隔10～14天，连续2次，每季最多使用2次。

（6）于柑橘发病前或发病初期开始用药，间隔10～14天，连续3次，每季最多使用3次。

(7) 于芒果初花期（花穗抽出 10 厘米时）病害发生前或者发生初期开始用药，间隔 7～10 天，连续 3 次，每季最多使用 3 次。

【安全间隔期】

黄瓜 3 天；芒果 4 天；番茄、辣椒 5 天；梨 28 天；西瓜、葡萄 10 天；菜豆 7 天；柑橘 21 天。

【产品性能】

本品的氟唑菌酰胺是羧酰胺类杀菌剂，为琥珀酸脱氢酶抑制剂，具内吸传导性，兼具保护和治疗活性；苯醚甲环唑是三唑类杀菌剂，为甾醇脱甲基化抑制剂，具内吸传导性，杀菌谱广，兼具保护和治疗活性。

【注意事项】

（1）药剂应现混现用。

（2）水产养殖区、河塘等水体附近禁用。蚕室及桑园附近禁用。

第三章 除草剂

1. 乙草胺

【毒性】 低毒。

【常用剂型和含量】 50%乳油。

【防治对象和使用方法】

50%乙草胺乳油（按标签要求使用）

作物	防治对象	用药量（毫升/亩）	施用方式
玉米	一年生禾本科杂草、小粒种子阔叶杂草	100～140	播后苗前土壤喷雾
大豆	一年生禾本科杂草、小粒种子阔叶杂草	100～140	播前、播后苗前土壤喷雾
花生	小粒种子阔叶杂草、一年生禾本科杂草	100～160	播后苗前土壤喷雾

【使用技术】

（1）施药均匀，勿重喷或漏喷，避免药液飘移到邻近敏感作物，以防产生药害。

（2）每季作物施药1次。

【产品性能】

本品系酰胺类芽前土壤处理除草剂，可被植物幼芽、幼根吸收，在杂草体内干扰蛋白质合成，使幼芽、幼根停止生长致使杂草死亡。能有效防除一年生禾本科杂草和部分阔叶杂草。

【注意事项】

（1）对萌芽出土前杂草有效，作土壤处理剂使用。

（2）避免与呈碱性农药等物质混用。

（3）除草效果受土壤湿度和温度影响较大，干旱时，应在推荐范围内适当加大用药量和兑水量。

（4）沙质土壤用药量要低一些，否则易出现药害；含有机质多的黏土用药量要适当增加，以保证药效。

（5）远离水产养殖区、河塘等水域使用，赤眼蜂等天敌昆虫放飞区禁用。

2. 精异丙甲草胺

【毒性】 低毒。

【常用剂型和含量】 960克/升乳油。

【防治对象和使用方法】

960克/升精异丙甲草胺乳油（按标签要求使用）

作物	防治对象	用药量（毫升/亩）	施用方式
夏玉米	一年生禾本科杂草、部分阔叶杂草	50～85	土壤喷雾
大蒜	一年生禾本科杂草、部分阔叶杂草	52.5～65	播后苗前土壤喷雾
番茄	一年生禾本科杂草及部分阔叶杂草	50～65	播后苗前土壤喷雾
花生	一年生禾本科杂草、部分小粒种子阔叶杂草	45～60	播后苗前土壤喷雾
菜豆	一年生禾本科杂草、部分阔叶杂草	50～65	播后苗前土壤喷雾
春大豆	一年生禾本科杂草、部分阔叶杂草	60～85	播后苗前土壤喷雾
甘蓝	一年生禾本科杂草、部分阔叶杂草	47～56	移栽前土壤喷雾

续上表

作物	防治对象	用药量（毫升/亩）	施用方式
西瓜	一年生禾本科杂草、部分阔叶杂草	40～65	土壤喷雾
马铃薯	一年生禾本科杂草、部分阔叶杂草	52.5～65（土壤有机质含量小于3%），100～130（土壤有机质含量3%～4%）	播后苗前土壤喷雾

【使用技术】

（1）根据土壤墒情决定施药液量，推荐30～60升/亩，均匀喷雾。

（2）在质地黏重土壤使用高剂量；在疏松土壤使用低剂量。

（3）用于起垄作物而非全田施药时，须按实际施用面积计算药量。

（4）作物地膜覆盖栽培时，须按实际施用面积计算药量。播后苗前土壤喷雾的作物，在播种后施药，然后盖膜，幼苗顶土时开孔引苗并盖土压实地膜；移栽前土壤喷雾的作物，在施药后盖膜，然后打孔移栽，盖土压实幼苗周围的地膜。

（5）甘蓝、西瓜仅作移栽前土壤喷雾使用。

（6）如遇毁（翻、补）种时，只可种植登记的作物。

（7）每季作物最多使用1次。正常使用剂量下对后茬作物安全，但后茬种植水稻需先测试安全性，方可种植。

（8）与其他产品混用前请先做小规模兼容性试验。

（9）下列情况应谨慎使用本品：a. 大风天气条件下药液漂移难形成药膜，应避免施药；b. 施药后降雨，存在淋溶药害风险，尤其在低洼地或砂壤土中，需慎用；c. 滴灌作物田容易发生淋溶药害，勿使用本品；d. 本品对西瓜相对较敏感，谨慎使用，勿在水旱轮作栽培西瓜田使用，勿在双重及双重以上保护地（如地膜+大棚、地膜+拱棚、地膜+拱棚+大棚）的西瓜田使用；e. 拱棚栽培地易发生回流药害，勿使用本品。

【产品性能】

本品系酰胺类选择性芽前除草剂，主要抑制发芽种子的蛋白质合成，其次抑制胆碱渗入磷脂,干扰卵磷脂形成。本品通过被萌发杂草的芽鞘、幼芽吸收而发挥杀草作用。适用于作物播后苗前或移栽前土壤处理,可防除一年生禾本科杂草、部分双子叶杂草和一年生莎草科杂草。

【注意事项】

对鱼类等水生生物、蜜蜂、家蚕有毒,施药应避免对周围蜂群的影响,开花植物花期、蚕室和桑园附近禁用。远离水产养殖区施药。

3. 精噁唑禾草灵

【毒性】 低毒。

【常用剂型和含量】 69克/升水乳剂。

【防治对象和使用方法】

69克/升精噁唑禾草灵水乳剂（按标签要求使用）

作物	防治对象	用药量（毫升/亩）	施用方式
花椰菜	一年生禾本科杂草	50～60	喷雾
大豆	一年生禾本科杂草	49～71	喷雾
花生	一年生禾本科杂草	43.5～60	喷雾

【使用技术】

（1）一年生禾本科杂草3～6叶期间、刚出齐苗时,每亩用药量兑水25～30升,茎叶喷雾。

（2）处于以下两种情况时应使用较高推荐用量和兑水量:a.干旱天气;b.喷头流量及杂草密度较大。

（3）无土壤除草活性,宜采用扇形喷头均匀喷施,避免漏喷。

（4）二苯醚类等触杀型除草剂对本剂有拮抗作用,应按常量先施本剂,一天后再施用触杀型除草剂。低温、干旱时,杀草速度慢,一般不影响最终防效。

（5）登记作物整个生育期最多使用1次。

【产品性能】

本品为花生、大豆、蔬菜等阔叶作物田苗后防除禾本科杂草的内吸选择性茎叶除草剂，属杂环氧基苯氧基丙酸类除草剂。可防治稗草、马唐、牛筋草（蟋蟀草）、千金子、狗尾草、野黍、画眉草、雀稗等多种一年生禾本科杂草，施药期宽，对阔叶作物和常规轮作的下茬作物安全。

【注意事项】

(1) 本制剂储藏后，常有分层现象，摇匀后可配制药液，不影响药效。

(2) 对早熟禾等极恶性禾草无效。

(3) 避免药液飘移到邻近的玉米、水稻等禾本科作物田。

(4) 间、套、混种有禾本科作物的花生等，不能使用。

(5) 对鱼等水生生物中等毒性，避免污染鱼塘和水源等。

4. 精喹禾灵

【毒性】 低毒。

【常用剂型和含量】 50 克/升乳油。

【防治对象和使用方法】

50 克/升精喹禾灵乳油（按标签要求使用）

作物	防治对象	用药量（毫升/亩）	施用方式
大白菜	一年生禾本科杂草	40～60	喷雾
芝麻	一年生禾本科杂草	50～60	喷雾
大豆	一年生禾本科杂草	50～80	喷雾
西瓜	一年生禾本科杂草	40～60	喷雾
花生	一年生禾本科杂草	50～80	喷雾

【使用技术】

(1) 在禾本科杂草 3～5 叶期时，每亩用药量兑水 15～30 升，均匀喷雾。

(2) 避免药物漂移到小麦、玉米、水稻等禾本科作物上。

(3) 在田间干燥或杂草丛生时，使用高剂量。

(4) 大风天或预计 1 小时内有雨时，请勿施药。

(5) 每季作物最多使用 1 次。

【产品性能】

本品是选择性旱田茎叶除草剂,能有效防除大豆、西瓜、芝麻、花生、大白菜田等旱田的一年生禾本科杂草。

【注意事项】

(1) 在高温、干燥等异常气候条件下,有时作物叶面(主要是大豆)会出现局部接触性药斑,但之后长出的新叶正常,不影响后期生长,对产量无影响。

(2) 在杂草生长停止时,效果有时会下降。

5. 氰氟草酯

【毒性】 低毒。

【常用剂型和含量】 100 克/升乳油。

【防治对象和使用方法】

100 克/升氰氟草酯乳油(按标签要求使用)

作物	防治对象	用药量(毫升/亩)	施用方式
水稻秧	稗草、千金子	50～70	喷雾
水稻秧	部分禾本科杂草	50～70	喷雾
水稻(直播)	稗草、千金子	50～70	喷雾
水稻(直播)	部分禾本科杂草	50～70	喷雾

【使用技术】

(1) 于水稻秧田稗草 1.5～2.5 叶期、直播水稻田千金子 2～3 叶期施药,每亩用药量兑水 20～30 升,采用细雾滴茎叶喷雾。

(2) 施药前排水,使杂草茎叶 2/3 以上露出水面,施药后 24 小时至 72 小时内灌水,保持 3～5 厘米水层 5～7 天。

(3) 每季作物最多使用 1 次。

【产品性能】

本品为芳氧苯氧丙酸类传导型禾本科杂草除草剂,通过抑制乙酰辅酶 A 羧化酶活性,阻碍脂肪酸合成,使细胞生长分裂不能正常进行,致使膜系统等含脂结构破坏，最终导致植物死亡。本品主要用于水稻田茎叶处理，防除千金子、双穗雀稗等杂草。

【注意事项】

（1）本品不建议与阔叶草除草剂混用。

（2）本品对鱼类等水生生物有毒，应远离水产养殖区施药。

6. 五氟磺草胺

【毒性】 低毒。

【常用剂型和含量】 25克/升可分散油悬浮剂。

【防治对象和使用方法】

25克/升五氟磺草胺可分散油悬浮剂（按标签要求使用）

作物	防治对象	用药量（毫升/亩）	施用方式
水稻秧	一年生杂草	33～47	茎叶喷雾
水稻	一年生杂草	稗草2～3叶期40～80	茎叶喷雾
		稗草2～3叶期60～100	毒土法

【使用技术】

（1）在水稻秧田于稗草1.5～2.5叶期施药。

（2）茎叶喷雾时，每亩用药量兑水20～30升，施药前排水，使杂草茎叶2/3以上露出水面，药后24小时至72小时内灌水，保持3～5厘米水层5～7天。

（3）施药量由稗草密度和叶龄确定，若稗草密度大、草龄大，则使用上限用药量。

（4）每季作物最多使用1次。

【产品性能】

本品系磺酰胺类除草剂，为选择性内吸性苗前苗后处理除草剂，主要由叶片吸收，其次经根部吸收，随后经韧皮部和木质部传导至其他部位。茎叶喷雾或毒土处理可以防除水稻稗草（包括稻稗）、一年生阔叶草和一年生莎草等杂草。

【注意事项】

（1）毒土法应根据当地示范试验结果使用。

（2）制种田因品种较多，须根据当地示范结果使用。

（3）对水生生物有毒，应远离水产养殖区施药。

7. 二甲戊灵

【毒性】 低毒。

【常用剂型和含量】 330克/升乳油。

【防治对象和使用方法】

330克/升二甲戊灵乳油（按标签要求使用）

作物	防治对象	用药量（毫升/亩）	施用方式
甘蓝	杂草	100～150	喷雾或撒毒土
韭菜	杂草	100～150	喷雾或撒毒土
玉米	杂草	152～303	喷雾
水稻旱育秧	一年生杂草	150～200	播后苗前土壤喷雾

【使用技术】

（1）可防治或抑制稗草、马唐、狗尾草、千金子、牛筋草、碎米莎草、异型莎草、苋、藜、马齿苋、苘麻及龙葵等一年生禾本科及阔叶杂草。

（2）在甘蓝、韭菜移栽前1～3天，或老韭菜收割伤口愈合后施药；直播甘蓝、韭菜在播后苗前施药；种子播种覆土2～3厘米后施药，避免种子直接接触药液。

（3）玉米在播后苗前施药：将种子播种在2～5厘米深土后用土覆盖，再施药，避免种子直接接触药液；苗后早期施药：在玉米顶尖萌芽时及禾本科杂草1叶1心，阔叶杂草2叶期前使用。在玉米顶尖萌芽期后施药，可能会出现暂时性轻微药害，作物1～2周内可恢复正常生长，不影响产量。

（4）每季作物最多使用1次。

【产品性能】

本品系二硝基苯胺类芽前选择性内吸型除草剂，主要抑制杂草分生组织细胞分裂，在杂草种子萌发过程中经幼芽、茎和根吸收药剂后，抑制幼芽和次生根的形成和生长。

【注意事项】

（1）对水生生物有毒，应远离水产养殖区、河塘等水体施药；鸟类保护区禁用；（周围）开花植物花期禁用；周围有桑园，最外围桑树为隔离带，不能用于饲养家蚕；赤眼蜂等天敌放飞区域禁用。

（3）禁止在有热源或明火处使用，禁止倒灌该产品。

8. 氯氟吡啶酯

【毒性】 微毒。

【常用剂型和含量】 3%乳油。

【防治对象和使用方法】

3%氯氟吡啶酯乳油（按标签要求使用）

作物	防治对象	用药量（毫升/亩）	施用方式
水稻（移栽）	一年生杂草	40～80	茎叶喷雾
水稻（直播）	一年生杂草	40～80	茎叶喷雾

【使用技术】

（1）直播水稻于秧苗4.5叶即1个分蘖可见时，同时稗草不超过3个分蘖时期施药；移栽水稻应于秧苗充分返青后1个分蘖可见时，同时稗草不超过3个分蘖时期施药。

（2）茎叶喷雾，每亩用药量兑水15～30升。施药时可有浅水层，但需确保杂草茎叶2/3以上露出水面。施药后24小时至72小时内灌水，保持浅水层5～7天，注意水层勿淹没水稻心叶。

（3）施药量由稗草密度和叶龄确定，若稗草密度大、草龄大，则使用上限用药量。

（4）预计2小时内有降雨时请勿施药。

（5）每季作物最多使用 1 次。

【安全间隔期】

水稻 60 天。

【产品性能】

本品是芳香基吡啶甲酸脂类除草剂，茎叶喷雾可有效防除水稻稗草等一年生杂草，并可有效抑制千金子。

【注意事项】

（1）施药均匀，避免重施漏施。

（2）任何会影响到作物健康的逆境或环境因素如极端冷热天气干旱等，会影响药效和作物耐药性，不推荐施用。某些情况（如不利的天气、不同品种水稻敏感性差异）施药后水稻可能出现暂时性药物反应（如生长受到抑制或叶片畸形），通常水稻会逐步恢复正常生长。

（3）不宜在缺水田、漏水田及盐碱田使用。不推荐在秧田、制种田使用。缓苗期、秧苗长势弱，存在药害风险，不推荐使用。弥雾机常规剂量施药可能会造成严重药物反应，建议咨询当地植保部门或先试验后再施用。

（4）不能与敌稗、马拉硫磷等药剂混用，施用本品 7 天内不能再施用马拉硫磷。与其他药剂和肥料混用前需先进行测试确认。

（5）避免漂移到邻近敏感阔叶作物如大豆、葡萄、烟草、蔬菜、桑树、花卉等非靶标阔叶植物。

（6）对水生生物有毒，应远离水产养殖区施药。

9. 苯唑草酮

【毒性】 低毒。

【常用剂型和含量】 30%悬浮剂。

【防治对象和使用方法】

30%苯唑草酮悬浮剂（按标签要求使用）

作物	防治对象	用药量（毫升/亩）	施用方式
玉米	一年生杂草	5～6	茎叶喷雾

【使用技术】

（1）可有效防除或抑制一年生禾本科杂草和阔叶杂草，如马唐、稗草、牛筋草、狗尾草、藜、蓼、反枝苋、马齿苋、苍耳、龙葵、一点红等。

（2）玉米苗后 2～4 叶期，一年生杂草 2～4 叶期，茎叶喷雾处理。加入增效剂可有效提高药剂的防效。

（3）间套或混种有其他作物的玉米田，不能使用本品。

（4）幼小和旺盛生长的杂草对药剂更敏感。低温和干旱天气，杂草生长变慢会影响对药剂的吸收，杂草死亡时间变长。

（5）施药均匀，避免重喷、漏喷或超剂量用药。一旦毁种，勿再次施用本品。

（6）后茬种植花生、马铃薯、大豆、菜豆、豌豆等作物时须小面积试验后再种植。

【产品性能】

本品系新型三酮类苗后茎叶处理剂，具内吸传导作用，可被植物的叶、根和茎吸收。对各种玉米品种（大玉米、甜玉米、爆花玉米）显示较好安全性，正常使用情况下，对作物安全。

【注意事项】

（1）药剂应现配现用。

（2）赤眼蜂等天敌放飞区域禁用。

10. 莠去津

【毒性】 低毒。

【常用剂型和含量】 50% 悬浮剂。

【防治对象和使用方法】

50% 莠去津悬浮剂（按标签要求使用）

作物	防治对象	用药量（毫升/亩）	施用方式
玉米	一年生及部分多年生杂草	180～225	喷雾

【使用技术】

（1）于玉米苗后 3～5 叶期或杂草幼苗期进行茎叶喷雾。

（2）施药应在上午或傍晚，中午前后气温高时不能喷雾。

（3）每季作物最多使用 1 次。

【产品性能】

本品为三氮苯类选择性内吸传导型除草剂，以根吸收为主，也可由茎叶吸收传导至植物分生组织及叶片，干扰光合作用，起到杀草效果。本品水溶度低，易被土壤胶体吸附，可防除稗草、马唐、狗尾草、藜、本氏蓼、反枝苋、鸭跖草等一年生杂草。

【注意事项】

（1）喷雾均匀，忌漏喷或重喷，以免药效不好或发生局部药害。

（2）在玉米 3～5 叶期喷雾要压低喷头，避免喷到心叶造成伤害；玉米 5 叶期以后不推荐全田喷雾使用。

（3）不能与碱性农药等物质混用。

（4）对鱼类等水生生物、蜜蜂、家蚕有毒，施药期间应避免对周围蜂群的影响，蜂源作物花期、蚕室和桑园附近禁用。远离水产养殖区施药；赤眼蜂等天敌放飞区域禁用。

（5）蔬菜、大豆、水稻、花生等作物及浅根树木对本品敏感，施药时避免药液漂移到上述作物。

（6）与其他作物套种或间作的玉米禁用。

11. 灭草松

【毒性】 低毒。

【常用剂型和含量】 480 克/升水剂。

【防治对象和使用方法】

480 克/升灭草松水剂（按标签要求使用）

作物	防治对象	用药量（毫升/亩）	施用方式
大豆	阔叶杂草	104～208	喷雾

续上表

作物	防治对象	用药量（毫升/亩）	施用方式
马铃薯	一年生阔叶杂草	150～200	喷雾
花生	一年生阔叶杂草	150～200	喷雾
水稻	莎草、阔叶杂草	133～200	喷雾

【使用技术】

（1）可有效防治花生、马铃薯、大豆马齿苋、鳢肠、打碗花、米莎草、藜、蓼、龙葵、苋属、苍耳属、鸭跖草属、荠菜、繁缕等旱地杂草。

（2）可有效防治水稻鸭舌草、节节菜、慈姑、莲子草、萤蔺、异型莎草、日照飘拂草、碎米莎草等水田杂草。

（3）花生：在杂草3～4叶期进行茎叶喷雾处理。

（4）马铃薯：在马铃薯5～10厘米高，杂草2～5叶期，其中藜2叶期前，对茎叶喷雾。

（5）大豆：在杂草3～4片叶期进行喷雾处理。

（6）水稻：在施药前排干水，使杂草暴露，杂草长出2～4片叶时施药，施药后24小时，将水位恢复正常。

（7）对经由根部繁殖的杂草，一般只能防治地面以上的杂草部分。

（8）在温暖和有利于作物生长的气候下，本品作用较迅速。在寒冷气候下，杂草枯萎速度较为缓慢。

（9）每季作物用药一次。

【产品性能】

本品系具选择性触杀型苗后除草剂，用于杂草苗期茎叶处理。药液主要通过叶面渗透传导到叶绿体内抑制光合作用，使叶片萎蔫变黄，杂草营养饥饿，生理机能失调，最后死亡，喷药时须充分覆盖杂草茎叶并浸润。本品对莎草科和阔叶杂草效果显著，对稗草无效。

【注意事项】

（1）不可与酸性物质混用。

（2）高温晴朗天气有利于药效发挥，在极度干旱和水涝田间不宜使用，以防药害。

（3）剩余药液或空容器要妥善处理，不要污染水源、水系及污染食物和饲料。

（4）对鱼类等水生生物、蜜蜂、家蚕有毒，远离水产养殖区、河塘等水域施药。施药期间应避免对周围蜂群的影响，开花作物花期、蚕室和桑园附近禁用。赤眼蜂等天敌放飞区域禁用。

12. 苄嘧磺隆

【毒性】 低毒。
【常用剂型和含量】 30%可湿性粉剂。
【防治对象和使用方法】

30%苄嘧磺隆可湿性粉剂（按标签要求使用）

作物	防治对象	用药量（克/亩）	施用方式
水稻（移栽）	一年生阔叶杂草及莎草科杂草	10～20	毒土法

【使用技术】

（1）防治对象：三棱草、野荸荠、眼子菜、鸭舌草、泽泻、陌上菜、萤蔺、四叶萍、节节菜、矮慈菇、野慈菇、牛毛毡、异型莎草、扁秆藨草、水莎草等一年生及部分多年生阔叶杂草及莎草科杂草。

（2）两次用药：第一次，移栽后5～7天（三棱草出苗初期，高度3～8厘米以上，尚未露出水面）；第二次，在第一次用药后15～20天（新出苗的三棱草高度低于5厘米，尚未露出水面）。每包10克，混细土，均匀撒施。

（3）施药前2天，保持浅水层，使杂草露出水面；施药后保持水层3～5厘米，7～10天只灌不排。

【产品性能】

本品系选择性内吸传导型除草剂，使敏感杂草生长机能受阻，幼嫩组织过早发黄，并抑制叶部生长，阻碍根部生长而坏死。杀草谱广，对三棱草效果较好，用于防除移栽水稻一年生阔叶杂草及莎草科杂草，秧田、直播田、抛秧田、移栽田、小苗移栽田等均可使用。

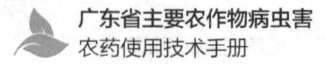

【注意事项】

（1）活性高，用药量少，须称量准确。田地应整平，全部淹没水中，漏水田和沙壤田应注意保水。对轻质土田地，用药量应减少。

（2）适用于阔叶杂草及莎草优势地块和稗草少的地块。

（3）本品对鱼有毒，勿将制剂及其废液弃于池塘、河溪和湖泊等区域。

13. 吡嘧磺隆

【毒性】 低毒。

【常用剂型和含量】 10%可湿性粉剂。

【防治对象和使用方法】

10%吡嘧磺隆可湿性粉剂（按标签要求使用）

作物	防治对象	用药量（克/亩）	施用方式
水稻	稗草、阔叶杂草、莎草	10～20	药土法或喷雾

【使用技术】

（1）在水稻移栽、抛秧后3～8天施用；直播田及秧田在水稻播种后3～10天施用。

（2）防除三棱草：在第1次用药后仍有三棱草时，可在第1次用药后15～20天（三棱草露出水面前），亩用本剂10～15克补施一次。

（3）田间管理：施药时水层为3～5厘米，保持5～7天。

（4）严重漏水田不宜使用。

【产品性能】

本品系选择性内吸传导型除草剂，杂草根部和叶片吸收药剂转移到杂草各部，阻碍其氨基酸、赖氨酸、异亮氨酸的合成，阻止细胞分裂和生长。本品能有效防除水稻田一年生和多年生阔叶草、莎草和幼龄稗草，包括野慈姑、眼子菜、四叶萍、节节菜、鸭舌草、萤蔺、牛毛毡、泽泻、水莎草、异形莎草、三棱草和稗草等。

【注意事项】

在施药、排水时注意防止本品接触到荸荠等敏感阔叶作物。

14. 唑嘧磺草胺

【毒性】 低毒。

【常用剂型和含量】 80%水分散粒剂。

【防治对象和使用方法】

80%唑嘧磺草胺水分散粒剂（按标签要求使用）

作物	防治对象	用药量（克/亩）	施用方式
夏玉米	阔叶杂草	2～4	喷雾
大豆	阔叶杂草	3.75～5	喷雾
春玉米	阔叶杂草	3.75～5	喷雾

【使用技术】

（1）大豆、春玉米、夏玉米播前或播后芽前进行土壤喷雾处理，每亩用药量兑水30升。

（2）每季最多使用1次。

（3）勿在大豆出苗后施药，否则易产生药害。

（4）不宜在地表太干燥或下雨时施药。

【产品性能】

本品是磺酰胺类除草剂，用于大豆、春玉米、夏玉米土壤处理，防除阔叶杂草。

【注意事项】

（1）严格按推荐剂量施用，避免重喷、漏喷，避免药物飘移到邻近作物。

（2）正常推荐剂量下后茬可安全种植玉米、水稻等；后茬如种植马铃薯及十字花科蔬菜等敏感作物需隔年，如种植其他作物，须咨询当地植保部门或生物测定安全通过方可种植。

第四章 植物生长调节剂

1. 赤霉酸

【毒性】 微毒。

【常用剂型和含量】 3%乳油。

【防治对象和使用方法】

3%赤霉酸乳油（按标签要求使用）

作物	施药目的	稀释倍数	施用方式
菠萝	增产	500～1000（倍液）	喷花
马铃薯	苗齐	40000～80000（倍液）	浸薯块10～30分钟
菠菜	增产	1600～4000（倍液）	叶面处理1～3次
绿肥	增产	2000～4000（倍液）	喷雾
柑橘	果实增大、增重	1000～2000（倍液）	喷花
水稻	制种、增加千粒重	1333～2000（倍液）	喷雾
菠萝	果实增大	500～1000（倍液）	喷花
马铃薯	增产	40000～80000（倍液）	浸薯块10～30分钟
芹菜	增产	400～2000（倍液）	喷雾
葡萄	增产、无核	200～800（倍液）	花后1周处理果穗
花卉	提前开花	57（倍液）	叶面处理涂抹花芽

【使用技术】

（1）在水稻上使用，于水稻扬花后、灌浆期各喷雾使用1次。

（2）于柑橘谢花2/3（第一次生理落果前）、幼果期（第二次生理落果前）及果实膨大前各喷施1次，间隔7～10天。

（3）于芒果谢花后，果实绿豆般大、幼果红枣般大、果实膨大期各喷施

1次，间隔7～9天。

（4）在菠萝初花期和谢花期各用药1次，每季可用2次。

（5）配制时，加水宜用冷水，不可用热水，水温超过50℃本品会失去活性。

（6）施药时温度在18℃以上为宜。

【产品性能】

本品为广谱性植物生长调节剂，能促进作物生长发育。药液主要经叶片、嫩枝、花、种子或果实进入植株体内，传导到生长活跃部位起作用，打破种子、块茎和鳞茎等器官休眠，改变雌雄花比率，减少落花落果。本品可均衡地促进茎叶、果实生长，改进品质，提高产量，持效期较长。

【注意事项】

（1）药剂现配现用，以免失去活性影响效果。

（2）禁止与碱性农药混配混用。

2. 多效唑

【毒性】 低毒。

【常用剂型和含量】 15%可湿性粉剂。

【防治对象和使用方法】

15%多效唑可湿性粉剂（按标签要求使用）

作物	施药目的	用药量（克/亩）/稀释倍数	施用方式
水稻育秧	控制生长	500～750（倍液）	喷雾
花生	调节生长、增产	40～50	茎叶喷雾

【使用技术】

（1）水稻：单季中、晚稻秧田移栽前25天、连作晚稻秧田在1心1叶期每亩用100～150克药量兑水75升施药。根据秧苗长势调整用药，秧田用药1次。花生：在盛花期末喷雾1次。

（2）水稻秧苗使用多效唑后发育有所推迟，因此，播种时较未用多效唑的提早1～2天播种。

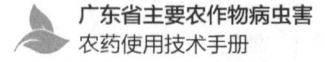

（3）花生、水稻育秧田上每季最多使用1次。

【安全间隔期】

花生60天。

【产品性能】

本品是三唑类植物生长调节剂，对作物生长有控制效应，具抑制茎杆伸长、矮化植株、增蘖、抗逆等效应。

【注意事项】

（1）在土壤中降解慢，用药田块收获后进行翻耕，暴晒后再播种其他作物，以防对后茬作物有抑制作用。

（2）正常应用不会产生药害，当用量过高，抑制过度时，可增施氮肥解救。

（3）对番茄、玉米敏感，施药时应避免药液漂移到邻近作物。

（4）鱼或虾、蟹套养稻田禁用，施药后的田水不得直接排入水体。

3. 芸苔素内酯

【毒性】 低毒。

【常用剂型和含量】 0.01%可溶液剂。

【防治对象和使用方法】

0.01%芸苔素内酯可溶液剂（按标签要求使用）

作物	施药目的	稀释倍数	施用方式
花生、番茄、荔枝、香蕉、葡萄、小白菜、柑橘	调节生长	2500～3333（倍液）	喷雾
水稻、甘蔗	调节生长	2000～3000（倍液）	喷雾
玉米	调节生长	1250～1667（倍液）	茎叶喷雾
辣椒、西瓜	调节生长	1500～2000（倍液）	喷雾
黄瓜	调节生长	2000～2500（倍液）	喷雾

【使用技术】

（1）于水稻孕穗期、齐穗期各喷施1次；于玉米苗期、喇叭口期各喷施1

次；于柑橘、葡萄、荔枝花蕾期、幼果期、果实膨大期各喷施1次；于黄瓜苗期、初花期、幼果期各喷施1次；于小白菜苗期、营养生长期各喷施1次；于花生苗期、花期、扎针期各喷施1次；于番茄苗期、初花期、幼果期各喷施1次；于香蕉抽蕾期、断蕾期和幼果期各喷施1次；于辣椒苗期、旺长期、始花期、幼果期各喷施1次；于西瓜苗期、花期、果实膨大期各喷施1次；于甘蔗苗期、分蘖期、抽节期各喷施1次。

（2）水稻、玉米、小白菜上每季最多使用2次，柑橘、葡萄、花生、荔枝、黄瓜、番茄、香蕉、西瓜、甘蔗上每季最多使用3次，辣椒上每季最多使用4次。

【产品性能】

本品属甾醇类植物生长调节剂，具促使植物细胞分裂和延长双重功效，可促进作物根系发达，增强光合作用，提高作物叶绿素含量，促进作物新陈代谢与对肥料的有效吸收，辅助作物劣势部分良好生长，从而促进作物生长、达到丰产的效果。

【注意事项】

不可与碱性物质混用。

第五章　杀鼠剂

1. 杀鼠灵

【毒性】 高毒。

【常用剂型和含量】 2.5%母粉。

【防治对象和使用方法】

2.5%杀鼠灵母粉（标签要求使用）

场所	施药目的	用药量	施用方式
农田	田鼠	饱和投饵	配制成毒饵

【使用技术】

（1）取2.5%杀鼠灵母粉500克加49.5千克新鲜粉状饵料搅拌均匀，加少许警告色及适量热水搅拌成棒状颗粒，晾干，即制成毒饵。

（2）采用一次性饱和投饵法，每100平方米投饵100～500克，每堆20～50克，采用堆施或穴施。

（3）施药后应设立警示标志，人畜在施药24小时后方可进入施药点。

【产品性能】

本品系第一代抗凝血杀鼠剂，对鼠类适口性较好、不易产生"二次中毒"。

【注意事项】

（1）投放药剂后防止家禽、牲畜进入。

（2）施药区内和保存时应避免小孩触摸到药剂。

（3）处理药剂后须洗手及清洗暴露的皮肤。

（4）对死鼠及剩余药剂要进行焚烧或土埋处理。

2. 溴敌隆

【毒性】 高毒。

【常用剂型和含量】 0.5%母粉。

【防治对象和使用方法】

0.5%溴敌隆母粉（按标签要求使用）

场所	施药目的	用药量	施用方式
农田	田鼠	饱和投饵	配制成毒饵

【使用技术】

（1）本品为母药，需在专业人士指导下配成0.005%的毒饵使用。

（2）拌制粮食毒饵：取本品1份，加2份淀粉混匀后，再将95份粮食（碎大米、碎玉米等）与2份植物油拌匀；将含药的淀粉撒入拌油的粮食中混匀即可使用。

（3）将上述加工成的毒饵分成若干小堆（每堆5克），施于田鼠洞口或鼠类出没处（田间20～35点/亩），一周后检查鼠类摄食情况，适量补充或更换投放地点，灭鼠效果更佳。

【产品性能】

本品系第二代抗凝血灭鼠剂，是一种用量低、适口性好的鼠药。

【注意事项】

（1）投放药剂后防止家禽、牲畜进入。

（2）施药区内和保存时应避免小孩触摸到药剂。

（3）处理药剂后须立即洗手及清洗暴露的皮肤。

（4）对死鼠及剩余药剂要进行焚烧或土埋处理。

3. 敌鼠钠盐

【毒性】 低毒（原药高毒）。

【常用剂型和含量】 0.05%饵剂。

【防治对象和使用方法】

0.05%敌鼠钠盐饵剂（按标签要求使用）

场所	施药目的	50平方米用药量（克）	施用方式
农田	田鼠	20	投饵

【使用技术】

（1）在鼠害发生严重的地方，按每50平方米20克的量投放毒饵，每天观察毒饵消耗，及时补充。

（2）在施药区边缘张贴警示布告，以防牲畜进入误食。

（3）施药后应设立警示标志，人畜在施药3天后方可进入施药地点。

【产品性能】

本品为抗凝血灭鼠药，适口性较好，害鼠中毒过程缓慢，不易产生警觉，对田鼠类害鼠杀死活性高，二次中毒风险较低。

【注意事项】

（1）投放后要防止家禽、牲畜进入。

（2）药物要存放在小孩触摸不到的地方。

（3）处理药剂后须立即洗手及清洗暴露的皮肤。

（4）对死鼠及剩余的药剂要进行焚烧或土埋处理。

（5）本品对猫、狗毒性较高，应避免猫、狗误食药剂和死鼠。

附录　农作物病虫害防治条例

第一章　总　则

第一条　为了防治农作物病虫害，保障国家粮食安全和农产品质量安全，保护生态环境，促进农业可持续发展，制定本条例。

第二条　本条例所称农作物病虫害防治，是指对危害农作物及其产品的病、虫、草、鼠等有害生物的监测与预报、预防与控制、应急处置等防治活动及其监督管理。

第三条　农作物病虫害防治实行预防为主、综合防治的方针，坚持政府主导、属地负责、分类管理、科技支撑、绿色防控。

第四条　根据农作物病虫害的特点及其对农业生产的危害程度，将农作物病虫害分为下列三类：

（一）一类农作物病虫害，是指常年发生面积特别大或者可能给农业生产造成特别重大损失的农作物病虫害，其名录由国务院农业农村主管部门制定、公布；

（二）二类农作物病虫害，是指常年发生面积大或者可能给农业生产造成重大损失的农作物病虫害，其名录由省、自治区、直辖市人民政府农业农村主管部门制定、公布，并报国务院农业农村主管部门备案；

（三）三类农作物病虫害，是指一类农作物病虫害和二类农作物病虫害以外的其他农作物病虫害。

新发现的农作物病虫害可能给农业生产造成重大或者特别重大损失的，在确定其分类前，按照一类农作物病虫害管理。

第五条　县级以上人民政府应当加强对农作物病虫害防治工作的组织领导，将防治工作经费纳入本级政府预算。

第六条　国务院农业农村主管部门负责全国农作物病虫害防治的监督管理工作。县级以上地方人民政府农业农村主管部门负责本行政区域农作物病虫害防治的监督管理工作。

县级以上人民政府其他有关部门按照职责分工，做好农作物病虫害防治相关工作。

乡镇人民政府应当协助上级人民政府有关部门做好本行政区域农作物病虫害防治宣传、动员、组织等工作。

第七条 县级以上人民政府农业农村主管部门组织植物保护工作机构开展农作物病虫害防治有关技术工作。

第八条 农业生产经营者等有关单位和个人应当做好生产经营范围内的农作物病虫害防治工作，并对各级人民政府及有关部门开展的防治工作予以配合。

农村集体经济组织、村民委员会应当配合各级人民政府及有关部门做好农作物病虫害防治工作。

第九条 国家鼓励和支持开展农作物病虫害防治科技创新、成果转化和依法推广应用，普及应用信息技术、生物技术，推进农作物病虫害防治的智能化、专业化、绿色化。

国家鼓励和支持农作物病虫害防治国际合作与交流。

第十条 国家鼓励和支持使用生态治理、健康栽培、生物防治、物理防治等绿色防控技术和先进施药机械以及安全、高效、经济的农药。

第十一条 对在农作物病虫害防治工作中作出突出贡献的单位和个人，按照国家有关规定予以表彰。

第二章 监测与预报

第十二条 国家建立农作物病虫害监测制度。国务院农业农村主管部门负责编制全国农作物病虫害监测网络建设规划并组织实施。省、自治区、直辖市人民政府农业农村主管部门负责编制本行政区域农作物病虫害监测网络建设规划并组织实施。

县级以上人民政府农业农村主管部门应当加强对农作物病虫害监测网络的管理。

第十三条 任何单位和个人不得侵占、损毁、拆除、擅自移动农作物病虫害监测设施设备，或者以其他方式妨害农作物病虫害监测设施设备正常运行。

新建、改建、扩建建设工程应当避开农作物病虫害监测设施设备；确实无法避开、需要拆除农作物病虫害监测设施设备的，应当由县级以上人民政府农业农村主管部门按照有关技术要求组织迁建，迁建费用由建设单位承担。

农作物病虫害监测设施设备毁损的，县级以上人民政府农业农村主管部门应当及时组织修复或者重新建设。

第十四条 县级以上人民政府农业农村主管部门应当组织开展农作物病虫害监测。农作物病虫害监测包括下列内容：

（一）农作物病虫害发生的种类、时间、范围、程度；

（二）害虫主要天敌种类、分布与种群消长情况；

（三）影响农作物病虫害发生的田间气候；

（四）其他需要监测的内容。

农作物病虫害监测技术规范由省级以上人民政府农业农村主管部门制定。

农业生产经营者等有关单位和个人应当配合做好农作物病虫害监测。

第十五条 县级以上地方人民政府农业农村主管部门应当按照国务院农业农村主管部门的规定及时向上级人民政府农业农村主管部门报告农作物病虫害监测信息。

任何单位和个人不得瞒报、谎报农作物病虫害监测信息，不得授意他人编造虚假信息，不得阻挠他人如实报告。

第十六条 县级以上人民政府农业农村主管部门应当在综合分析监测结果的基础上，按照国务院农业农村主管部门的规定发布农作物病虫害预报，其他组织和个人不得向社会发布农作物病虫害预报。

农作物病虫害预报包括农作物病虫害发生以及可能发生的种类、时间、范围、程度以及预防控制措施等内容。

第十七条 境外组织和个人不得在我国境内开展农作物病虫害监测活动。确需开展的，应当由省级以上人民政府农业农村主管部门组织境内有关单位与其联合进行，并遵守有关法律、法规的规定。

任何单位和个人不得擅自向境外组织和个人提供未发布的农作物病虫害监测信息。

第三章 预防与控制

第十八条 国务院农业农村主管部门组织制定全国农作物病虫害预防控制方案，县级以上地方人民政府农业农村主管部门组织制定本行政区域农作物病虫害预防控制方案。

农作物病虫害预防控制方案根据农业生产情况、气候条件、农作物病虫害常年发生情况、监测预报情况以及发生趋势等因素制定，其内容包括预防控制目标、重点区域、防治阈值、预防控制措施和保障措施等方面。

第十九条 县级以上人民政府农业农村主管部门应当健全农作物病虫害防治体系，并组织开展农作物病虫害抗药性监测评估，为农业生产经营者提供农作物病虫害预防控制技术培训、指导、服务。

国家鼓励和支持科研单位、有关院校、农民专业合作社、企业、行业协会等单位和个人研究、依法推广绿色防控技术。

对在农作物病虫害防治工作中接触有毒有害物质的人员，有关单位应当组织做好安全防护，并按照国家有关规定发放津贴补贴。

第二十条 县级以上人民政府农业农村主管部门应当在农作物病虫害孳生地、源头区组织开展作物改种、植被改造、环境整治等生态治理工作，调整种植结构，防止农作物病虫害孳生和蔓延。

第二十一条 县级以上人民政府农业农村主管部门应当指导农业生产经营者选用抗病、抗虫品种，采用包衣、拌种、消毒等种子处理措施，采取合理轮作、深耕除草、覆盖除草、土壤消毒、清除农作物病残体等健康栽培管理措施，预防农作物病虫害。

第二十二条 从事农作物病虫害研究、饲养、繁殖、运输、展览等活动的，应当采取措施防止其逃逸、扩散。

第二十三条 农作物病虫害发生时，农业生产经营者等有关单位和个人应当及时采取防止农作物病虫害扩散的控制措施。发现农作物病虫害严重发生或者暴发的，应当及时报告所在地县级人民政府农业农村主管部门。

第二十四条 有关单位和个人开展农作物病虫害防治使用农药时，应当遵守农药安全、合理使用制度，严格按照农药标签或者说明书使用农药。

农田除草时，应当防止除草剂危害当季和后茬作物；农田灭鼠时，应当防止杀鼠剂危害人畜安全。

第二十五条 农作物病虫害严重发生时，县级以上地方人民政府农业农村主管部门应当按照农作物病虫害预防控制方案以及监测预报情况，及时组织、指导农业生产经营者、专业化病虫害防治服务组织等有关单位和个人采取统防统治等控制措施。

一类农作物病虫害严重发生时，国务院农业农村主管部门应当对控制工作进行综合协调、指导。二类、三类农作物病虫害严重发生时，省、自治区、直辖市人民政府农业农村主管部门应当对控制工作进行综合协调、指导。

国有荒地上发生的农作物病虫害由县级以上地方人民政府组织控制。

第二十六条 农田鼠害严重发生时，县级以上地方人民政府应当组织采取统一灭鼠措施。

第二十七条 县级以上地方人民政府农业农村主管部门应当组织做好农作物病虫害灾情调查汇总工作，将灾情信息及时报告本级人民政府和上一级人民政府农业农村主管部门，并抄送同级人民政府应急管理部门。

农作物病虫害灾情信息由县级以上人民政府农业农村主管部门商同级人民政府应急管理部门发布，其他组织和个人不得向社会发布。

第二十八条 国家鼓励和支持保险机构开展农作物病虫害防治相关保险业务，鼓励和支持农业生产经营者等有关单位和个人参加保险。

第四章 应急处置

第二十九条 国务院农业农村主管部门应当建立农作物病虫害防治应急响应和处置机制，制定应急预案。

县级以上地方人民政府及其有关部门应当根据本行政区域农作物病虫害应急处置需要，组织制定应急预案，开展应急业务培训和演练，储备必要的应急物资。

第三十条 农作物病虫害暴发时，县级以上地方人民政府应当立即启动应急响应，采取下列措施：

（一）划定应急处置的范围和面积；

（二）组织和调集应急处置队伍；

（三）启用应急备用药剂、机械等物资；

（四）组织应急处置行动。

第三十一条 县级以上地方人民政府有关部门应当在各自职责范围内做好农作物病虫害应急处置工作。

公安、交通运输等主管部门应当为应急处置所需物资的调度、运输提供便利条件，民用航空主管部门应当为应急处置航空作业提供优先保障，气象主管机构应当为应急处置提供气象信息服务。

第三十二条 农作物病虫害应急处置期间，县级以上地方人民政府可以根据需要依法调集必需的物资、运输工具以及相关设施设备。应急处置结束后，应当及时归还并对毁损、灭失的给予补偿。

第五章 专业化服务

第三十三条 国家通过政府购买服务等方式鼓励和扶持专业化病虫害防治服务组织，鼓励专业化病虫害防治服务组织使用绿色防控技术。

县级以上人民政府农业农村主管部门应当加强对专业化病虫害防治服务组织的规范和管理，并为专业化病虫害防治服务组织提供技术培训、指导、服务。

第三十四条 专业化病虫害防治服务组织应当具备相应的设施设备、技术人员、田间作业人员以及规范的管理制度。

依照有关法律、行政法规需要办理登记的专业化病虫害防治服务组织，应当依法向县级以上人民政府有关部门申请登记。

第三十五条 专业化病虫害防治服务组织的田间作业人员应当能够正确识别服务区域的农作物病虫害，正确掌握农药适用范围、施用方法、安全间隔期等专业知识以及田间作业安全防护知识，正确使用施药机械以及农作物病虫害防治相关用品。专业化病虫害防治服务组织应当定期组织田间作业人员参加技术培训。

第三十六条 专业化病虫害防治服务组织应当与服务对象共同商定服务方案或者签订服务合同。

专业化病虫害防治服务组织应当遵守国家有关农药安全、合理使用制度，建立服务档案，如实记录服务的时间、地点、内容以及使用农药的名称、用量、生产企业、农药包装废弃物处置方式等信息。服务档案应当保存2年以上。

第三十七条 专业化病虫害防治服务组织应当按照国家有关规定为田间作业人员参加工伤保险缴纳工伤保险费。国家鼓励专业化病虫害防治服务组织为田间作业人员投保人身意外伤害保险。

专业化病虫害防治服务组织应当为田间作业人员配备必要的防护用品。

第三十八条 专业化病虫害防治服务组织开展农作物病虫害预防控制航空作业，应当按照国家有关规定向公众公告作业范围、时间、施药种类以及注意事项；需要办理飞行计划或者备案手续的，应当按照国家有关规定办理。

第六章 法律责任

第三十九条 地方各级人民政府和县级以上人民政府有关部门及其工作人员有下列行为之一的，对负有责任的领导人员和直接责任人员依法给予处分；构成犯罪的，依法追究刑事责任：

（一）未依照本条例规定履行职责；

（二）瞒报、谎报农作物病虫害监测信息，授意他人编造虚假信息或者阻挠他人如实报告；

（三）擅自向境外组织和个人提供未发布的农作物病虫害监测信息；

（四）其他滥用职权、玩忽职守、徇私舞弊行为。

第四十条 违反本条例规定，侵占、损毁、拆除、擅自移动农作物病虫害监测设施设备或者以其他方式妨害农作物病虫害监测设施设备正常运行的，由县级以上人民政府农业农村主管部门责令停止违法行为，限期恢复原状或者采取其他补救措施，可以处5万元以下罚款；造成损失的，依法承担赔偿责任；构成犯罪的，依法追究刑事责任。

第四十一条 违反本条例规定，有下列行为之一的，由县级以上人民政府农业农村主管部门处5000元以上5万元以下罚款；情节严重的，处5万元以上10万元以下罚款；造成损失的，依法承担赔偿责任；构成犯罪的，依法追究刑事责任：

（一）擅自向社会发布农作物病虫害预报或者灾情信息；

（二）从事农作物病虫害研究、饲养、繁殖、运输、展览等活动未采取有效措施，造成农作物病虫害逃逸、扩散；

（三）开展农作物病虫害预防控制航空作业未按照国家有关规定进行公告。

第四十二条 专业化病虫害防治服务组织有下列行为之一的，由县级以上人民政府农业农村主管部门责令改正；拒不改正或者情节严重的，处2000元以上2万元以下罚款；造成损失的，依法承担赔偿责任：

（一）不具备相应的设施设备、技术人员、田间作业人员以及规范的管理制度；

（二）其田间作业人员不能正确识别服务区域的农作物病虫害，或者不能正确掌握农药适用范围、施用方法、安全间隔期等专业知识以及田间作业安全防护知识，或者不能正确使用施药机械以及农作物病虫害防治相关用品；

（三）未按规定建立或者保存服务档案；

（四）未为田间作业人员配备必要的防护用品。

第四十三条 境外组织和个人违反本条例规定，在我国境内开展农作物病虫害监测活动的，由县级以上人民政府农业农村主管部门责令其停止监测活动，没收监测数据和工具，并处10万元以上50万元以下罚款；情节严重的，并处50万元以上100万元以下罚款；构成犯罪的，依法追究刑事责任。

第七章　附则

第四十四条 储存粮食的病虫害防治依照有关法律、行政法规的规定执行。

第四十五条 本条例自2020年5月1日起施行。